"十四五"职业教育国家规划教材

3D游戏美术设计与制作

3D Game Art Design & Production

主　编　付洪萍
副主编　吴　媛　李　博　马宝峰　杨迪维
参　编　黄诗沁　王泽东　刘素行
　　　　叶　晓（企业）　张枭汉（企业）

北京理工大学出版社
BEIJING INSTITUTE OF TECHNOLOGY PRESS

内容提要

本书为"十四五"职业教育国家规划教材。全书为江西陶瓷工艺美术职业技术学院与企业（杭州众魂网络科技有限公司）合作游戏订单班开发的教材，以企业真实项目为案例展开，编写人员具有一线技术人员的制作经验且掌握项目具体制作要求及规范。全书共分为三个项目，主要包括游戏道具与制作、游戏场景与制作和游戏角色与制作等内容。

本书可作为高等院校游戏类相关专业的教材，也可供手机游戏类相关从业人员参考使用。

版权专有　侵权必究

图书在版编目（CIP）数据

3D游戏美术设计与制作 / 付洪萍主编. -- 北京：北京理工大学出版社，2023.8重印
 ISBN 978-7-5682-9920-6

Ⅰ.①3… Ⅱ.①付… Ⅲ.①三维动画软件—游戏程序—程序设计　Ⅳ.①TP391.414

中国版本图书馆CIP数据核字（2021）第112433号

出版发行 / 北京理工大学出版社有限责任公司
社　　址 / 北京市丰台区四合庄路6号院
邮　　编 / 100070
电　　话 /（010）68914775（总编室）
　　　　　（010）82562903（教材售后服务热线）
　　　　　（010）68944723（其他图书服务热线）
网　　址 / http://www.bitpress.com.cn
经　　销 / 全国各地新华书店
印　　刷 / 河北鑫彩博图印刷有限公司
开　　本 / 889毫米×1194毫米　1/16
印　　张 / 13
字　　数 / 368千字
版　　次 / 2023年8月第1版第3次印刷
定　　价 / 78.50元

责任编辑 / 孟祥雪
文案编辑 / 孟祥雪
责任校对 / 周瑞红
责任印制 / 边心超

图书出现印装质量问题，请拨打售后服务热线，本社负责调换

前言 PREFACE

党的二十大报告指出：到2035年，我国发展的总体目标之一是"建成教育强国、科技强国、人才强国、文化强国、体育强国、健康中国，国家文化软实力显著增强"。为了增强中华文明传播力影响力，加快构建中国话语和中国叙事体系，我国动漫游戏行业要讲好中国故事，传播好中国声音，展现可信、可爱、可敬的中国动漫游戏形象，推动中华文化更好地走向世界。

近年来，手机游戏（手游）在游戏市场中占据的份额越来越大，已经超越PC游戏，并将继续保持高速增长。随着游戏产业的发展，大量游戏被开发出来，其中3D游戏能给用户提供较为真实的体验，受到玩家的热烈欢迎。为了增强游戏的体验感，3D游戏通常需要通过设计精美的贴图来加强游戏的视觉效果。手绘贴图能将色彩灵活地展现出来，带给玩家独特的色彩感受，增强游戏的真实感；还能有效提升画面质量，相较于传统贴图来讲，可呈现出欣赏价值较高的画面，带给玩家一种自由和舒适的游戏体验。因此，对于3D游戏来说，手绘贴图在优化画面设计的基础上为用户提供了更好的游戏体验，在促进游戏产业发展方面发挥着重要作用。

现阶段开设游戏专业的高等院校如雨后春笋般涌现，并呈现出良好的发展趋势，但是我国国内游戏专业教育还处于滞后阶段，还存在很多专业教学上的弊端，这使得游戏专业未能满足市场的需求，特别是一大部分学生毕业后，无法直接上岗就业，大部分毕业生要再进行一段较长时间的岗前培训才能胜任岗位，这就要求我们必须改变现阶段的教学现状，必须走校企合作之路，一线教师必须了解企业对岗位的具体要求，熟悉项目制作的具体规范，且有企业项目制作的实际制作经验，才能大大缩短毕业生游戏制作能力与企业要求能力的差距。

本书为江西陶瓷工艺美术职业技术学院与企业（杭州众魂软件科技有限公司）合作游戏订单班开发的教材，其中来自企业的一线技术人员（公司模型贴图师张枭汉和总经理兼设计师叶晓）具有丰富的3D游戏制作经验。本书编写的目的就是让学生能够迅速了解游戏企业游戏实际项目的制作规范和要求，掌握相关技能，从而促使游戏专业建设能够满足游戏专业实际需求。

由于受篇幅的限制，本书项目1中的"巨剑制作"及项目2中的"场景环境制作"相关内容在书中均以二维码的形式体现，读者可通过扫描二维码学习。另外，本书相关项目还配备视频教程，读者可通过访问链接：https://pan.baidu.com/s/19E96wwgvZWnTyhdJwL6txA（提取码：n7bn），或扫描右侧的二维码进行下载。

本书编写过程中，杭州众魂软件科技有限公司提供了大量的参考资料，东星软件（杭州）有限公司也提供了大力支持，在此一并表示衷心的感谢。

由于编写时间仓促，加之编者的水平有限，书中难免存在疏漏及不妥之处，敬请批评指正。

编　者

目录 CONTENTS

项目 1　游戏道具与制作——以宝箱为例 001

1.1　宝箱模型制作 001
1.2　设置光滑组 017
1.3　宝箱 UV 展开 023
1.4　宝箱贴图制作 040
拓展案例：巨剑制作 066

项目 2　游戏场景与制作——以场景建筑为例 067

2.1　建筑模型制作 067
2.2　建筑配件模型制作 093
2.3　场景建筑 UV 展开 114
2.4　场景建筑贴图绘制 131
拓展案例：场景环境制作 156

项目 3　游戏角色与制作——以少年为例 157

3.1　游戏角色模型制作 157
3.2　游戏角色 UV 展开 191
3.3　游戏角色贴图制作 199

参考文献 204

PROJECT ONE

项目 1　游戏道具与制作——以宝箱为例

项目导入

　　游戏道具主要由武器道具、场景道具及角色配件等组成，其中，最为重要的道具便是武器。一般游戏中通常都含有一套较完整的武器系统，因此，武器的种类也特别多。主要有传统机械武器、现代枪炮类武器及魔法权杖类武器等。场景道具在游戏场景中起的作用也很重要，形形色色的场景道具，使场景变得更丰富、更完整及更有视觉冲击性。本项目以"宝箱"为例，完整详细地讲解了手绘场景道具的制作方法、绘制技巧及制作流程。此外，还通过拓展案例项目"巨剑"完整详细地讲解了手绘武器道具的制作方法、绘制技巧及制作流程。

　　本案例设定宝箱为卡通风格，宝箱通常作为游戏道具放置于特定的游戏场景中，游戏者开箱可以获得特殊技能提升战斗力或奇珍异宝增加财富值。在主色调选用上，黄色作为暖色调，给人带来阳光般温暖的感觉，更是一种尊贵、财富的象征，故设定贴图主色调为金黄色。宝箱主体绘制木纹贴图，边框绘制金属铁质贴图，使其更加贴合场景设定，细节上通过对金属进行高光处理和对木纹刻画做旧纹理来提升整体质感。

学习目标

　　通过本项目的学习，具备游戏建模、展开 UV 及绘制贴图的技能，培养对中国传统特色游戏的喜爱之情，养成规范操作、吃苦耐劳、循序渐进的职业素养和学习习惯。

1.1　宝箱模型制作

　　（1）双击桌面图标 运行 3ds Max 2018，执行主菜单"File"→"Save"命令，在弹出的储存文件窗口"File name"中输入"box"，单击"save"按钮关闭窗口，保存为 box.max 文件（文件路径："手绘 3D 项目实战"项目资料→项目文件→项目 1　游戏道具与制作→宝箱→ max → box.max）。在右侧命令面板中执行 （创建）→ （几何体）→ （长方体）命令，如图 1-1 所示，在"Perspective"（透视图）中拖动鼠标，创建如图 1-2 所示的长方体，单击右下方视力控制区的 （最大化窗口切换），将视力最大化，单击命令面板中的 （修改）按钮进入"Modify"（修改）面板，将其命名为"box"。

图 1-1

【说明】本书所说的单击指"单击左键",双击指"双击左键"。

(2)在"Modify"(修改)面板"Parameters"(参数)展卷栏中修改长方体的"Length""Width""Height"(长、宽、高)参数分别为50×80×50,如图1-3所示。

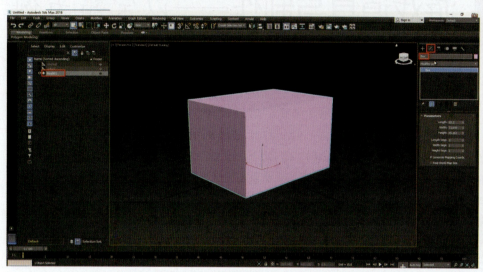

图1-2

图1-3

(3)按快捷键W切换到"Move"(移动)模式,在视图下方信息提示区与状态栏中修改长方体的"position"(位置)参数分别为0×0×0,使其位于世界坐标中心,如图1-4所示。

(4)单击工具栏中▦(材质编辑器),在材质编辑器菜单中单击"Modes"(模式),在下拉子菜单中选择"Compact Material Editor"(精简材质编辑器),切换到精简材质编辑器窗口,单击▦(将材质指定给选定对象)指定给选择的物体"box",并将材质命名为"box",如图1-5所示。

(5)在"Modify"(修改)面板中,在"Parameters"(参数)卷展栏中修改物体"box"的"Length""Width""Height"(长、宽、高)的"Segs"(分段数)为4×1×1,如图1-6所示。

(6)在物体"box"上方单击鼠标右键,弹出快捷菜单。单击"Convert To"(转换为)下的"Convert To Editable Poly"(转换为可编辑多边形)按钮,将模型转化为可编辑的多边形物体,如图1-7所示。

(7)在"Modify"(修改)面板中激活它的"Edge"(边)子级别,单击鼠标右键,选择"Move"(移动)工具,开始对物体"box"顶面几条边进行Z轴方向位置调整,调整边前后物体的形状效果如图1-8、图1-9所示。

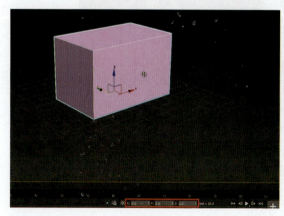

图1-4

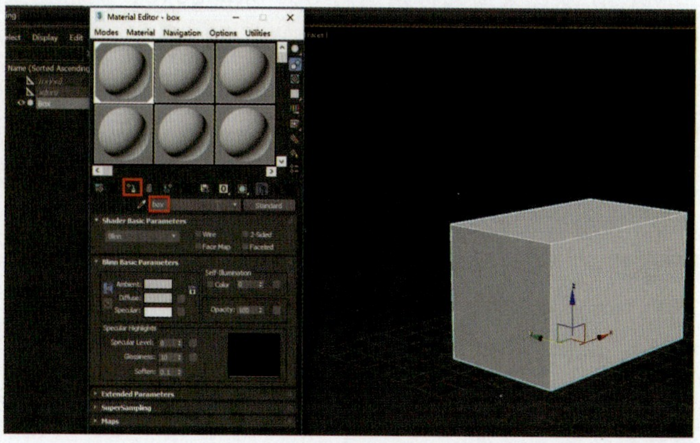

图1-5

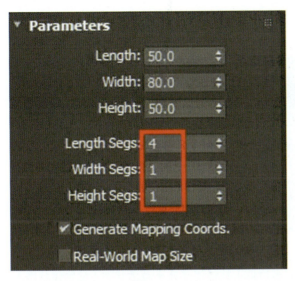
图 1-6

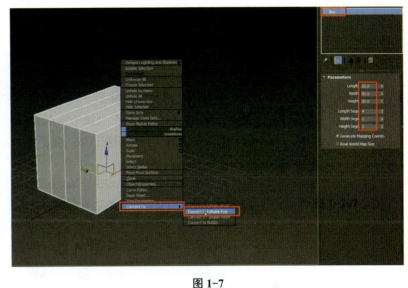
图 1-7

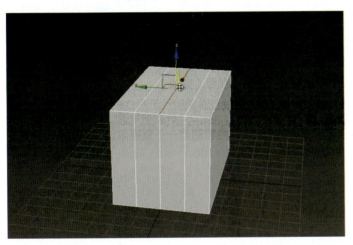
图 1-8

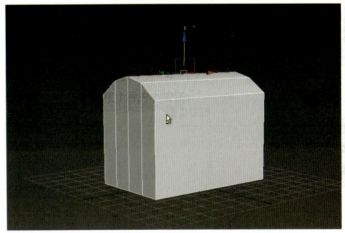
图 1-9

（8）选择如图 1-10 所示的一圈"Edge"（边），展开"Modify"（修改）菜单中"Edit Edges"（编辑边界）卷展栏，单击 Connect （连接）按钮，为"box"（物体）添加一圈中线，如图 1-11 所示。

图 1-10

图 1-11

（9）在"Modify"（修改）面板中激活"Polygon"（多边形）子级别，在透视图中选择如图1-12所示的几何体的右侧的面，按键盘上的Delete（删除）键，删除选中的面，效果如图1-13所示。

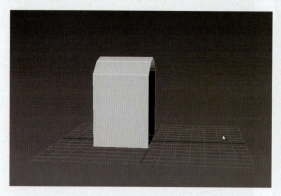 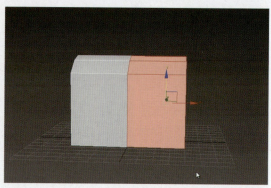

图1-12　　　　　　　　　　　　　　　　图1-13

（10）在命令面板中单击 Editable Poly （编辑多边形）按钮使其处于激活状态（父物体状态） Editable Poly ，退出"Polygon"（多边形）子级别选择状态，再单击工具栏中的 （镜像）工具，弹出"Mirror World Objects"（镜像世界物体）窗口，选择"Instance"（实例）复制模式，单击 OK （确认）按钮后为物体"box"关联复制一个box001物体，效果如图1-14、图1-15所示。

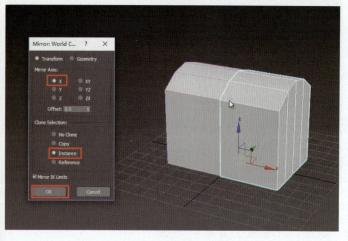 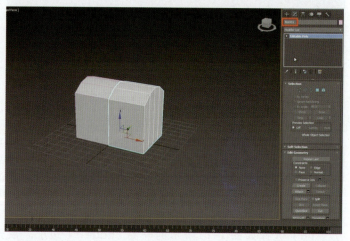

图1-14　　　　　　　　　　　　　　　　图1-15

【说明】"在命令面板中单击 Editable Poly （编辑多边形）按钮，使物体处于父物体激活状态 Editable Poly ，退出'Polygon'（多边形）子级别选择状态"在本书中将后面相同操作统一简化为"再次单击子级别按钮退出子级别选择状态"。

（11）激活物体"box"的"Edge"（边）子级别，选择如图1-16所示边，然后，在"Modify"（修改）菜单中展开"Selection"（选择）卷展栏，单击 Ring （环绕）按钮，选择一圈环绕边，如图1-17所示。

（12）单击 Connect （连接）按钮，添加一圈中线如图1-18所示，接着，单击工具栏中 （选择和统一缩放）工具对这一圈线进行多次Z轴缩放，直至完全打直，效果如图1-19所示。

【说明】本书在后面切换到移动、缩放及旋转模式时，均采用按快捷键切换模式，如按快捷键W切换到"Move"（移动）模式。

（13）按快捷键W切换到"Move"（移动）模式，沿Z轴调整选择的一圈边，至图1-20所示位置。单击 Extrude （挤出）右侧的小按钮，在"Extrude Edges"（挤出边界）弹窗中设置参数"Height"值为"-1"，如图1-21所示。设置完成后单击 （确认）按钮，效果如图1-22所示。

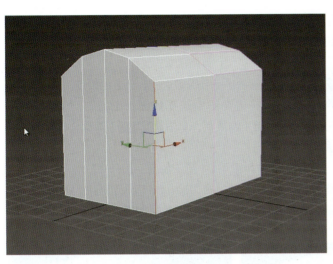
图 1-16

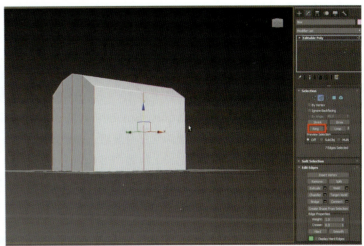
图 1-17

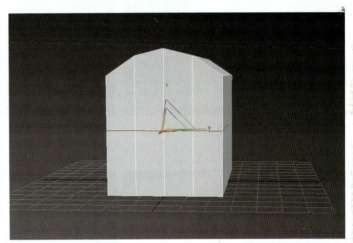
图 1-19

图 1-18

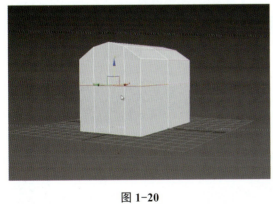
图 1-20

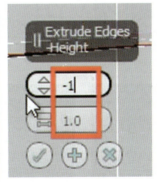
图 1-21

图 1-22

（14）选择 box 如图 1-23 所示一圈边，单击 Connect（连接）按钮，添加一圈中线并调整其至图 1-24 所示。

（15）再次单击 Extrude（挤出）右侧的小按钮，在"Extrude Edges"（挤出边）弹窗中设置参数，如图 1-21 所示。设置完成后单击（确认）按钮，效果如图 1-25 所示。同理，再在物体"box"下面添加一圈边，并调整其位置，最终效果如图 1-26 所示。

(16)选中图1-27所示四圈循环边,单击右键弹出快捷菜单,在按住快捷键Ctrl同时,单击左下方的"Remove"(移除)按钮,删除所选择的四圈循环边(最下面一圈边包括和物体"box001"相交的边),效果如图1-28所示。

【实战小技巧】在删除边时如果不按住Ctrl,则删除边后会保留这一些边上的顶点。

(17)激活"Polygon"(多边形)子级别,在透视图中选择如图1-29所示的面,展开"Polygon:Smoothing Groups"(多边形:平滑组)卷展栏,单击 Clear All (清除全部)按钮,即可清除全部平滑组,效果如图1-30所示。

(18)激活"Polygon"(多边形)子级别,选中如图1-31所示的面,展开"Edit Polygons"(编辑多边形)卷展栏,单击 Bevel (挤出)右侧的小按钮,在"Extrude Polygons"(挤出多边形)弹窗中设置参数如图1-32所示,设置完成后单击✓(确认)按钮,效果如图1-33所示。

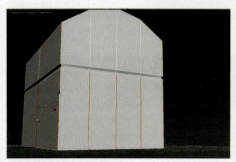

图 1-23

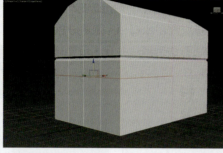

图 1-24

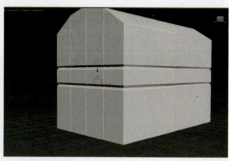

图 1-25

图 1-26

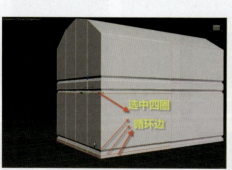

图 1-27

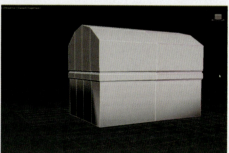

图 1-28

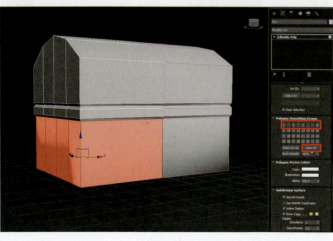

图 1-29

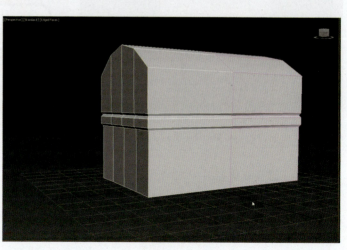

图 1-30

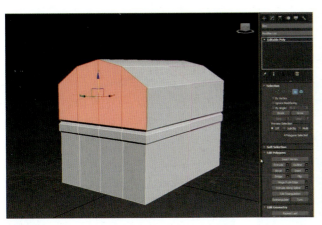

图 1-31

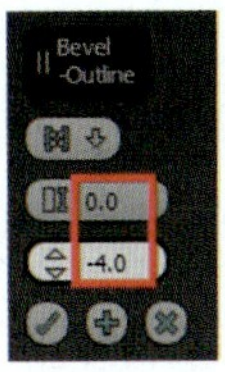

图 1-32

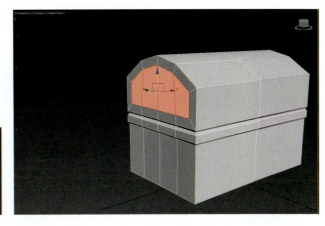

图 1-33

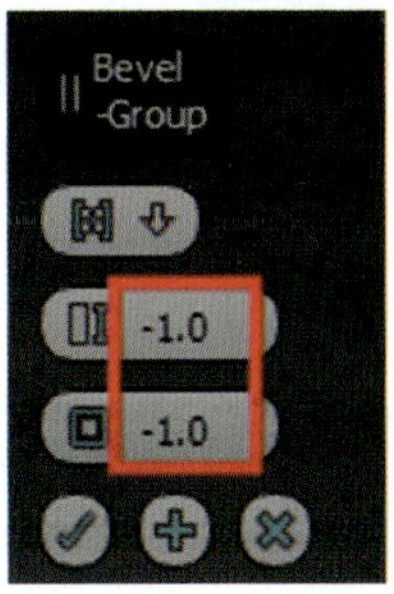

（19）单击 Bevel（轮廓线）右侧的小按钮，在 Outline（轮廓线）弹窗中设置参数，如图 1-34 所示。设置完成后单击（确认）按钮，效果如图 1-35 所示。

（20）激活"Vertex"（顶点）子级别，展开"Edit Vertices"（编辑顶点）卷展栏，按快捷键 W 切换到"Move"（移动）模式，选中图 1-36 所示的顶点，单击 Target Weld（目标焊接）按钮，对选中的几个顶点进行焊接，焊接后效果如图 1-37 所示。

【说明】焊接时先选中一个被焊的点，单击 Target Weld（目标焊接）按钮，拖动这点一直到焊接目标点后释放。

（21）激活"Edge"（边）子级别，选择边如图 1-38 所示。单击右键弹出快捷菜单，在按住快捷键 Ctrl 同时，单击左下方的"Remove"（移除）按钮，如图 1-39 所示。移除所选择的边，效果如图 1-40 所示。

（22）调整"box"的视角，如图 1-41 所示。选择如图 1-41 所示的一圈环绕边，单击 Connect（连接）右侧的小按钮，在"Connect Edges"（连接边界）弹窗中设置"Segments"（分段数）参数值为 2，如图 1-42 所示，设置完后单击（确认）按钮，效果如图 1-43 所示。

（23）按快捷键 F 切换到"Front"（前视图），激活"Vertex"（顶点）子级别，框选如图 1-44 所示的一圈点，按快捷键 R 切换到"Scale"（缩放）模式，对所选择的点进行多次 X 轴缩放，直至完全打直，效果如图 1-45 所示。

【说明】F3 为实体和线框显示切换快捷键，若想看到物体的实体可以使用 F3。

图 1-34

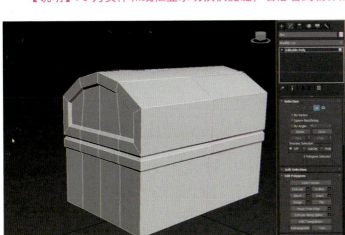

图 1-35

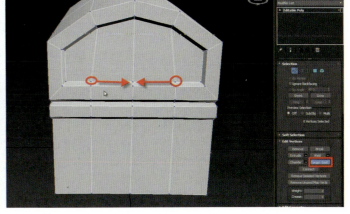

图 1-36

图 1-37　　　　　　　　　　　　　　图 1-38

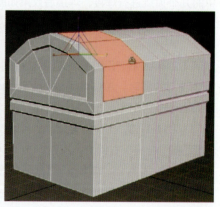

图 1-39　　　　　　　　图 1-40　　　　　　　　图 1-41

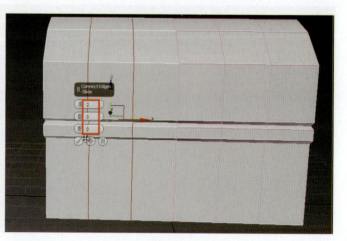

图 1-42　　　　　　　　　　　　　　图 1-43

项目 1　游戏道具与制作——以宝箱为例　009

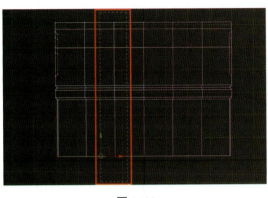

图 1-44

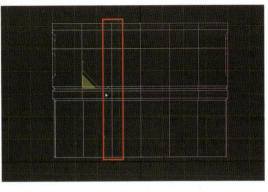

图 1-45

（24）框选如图 1-46 所示一圈点，对所选择的点进行多次 X 轴缩放直至完全打直，效果如图 1-47 所示。

（25）继续在前视图框选其他的顶点，同理对所选择的横排点进行多次 X 轴缩放直至完全打直，对所选择的竖排点进行多次 Y 轴缩放，直至完全打直，将所有横竖两个方向的顶点全部打直，按快捷键 W 切换到"Move"（移动）模式，调整顶点位置后，最终效果如图 1-48 所示。

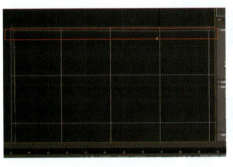

图 1-46

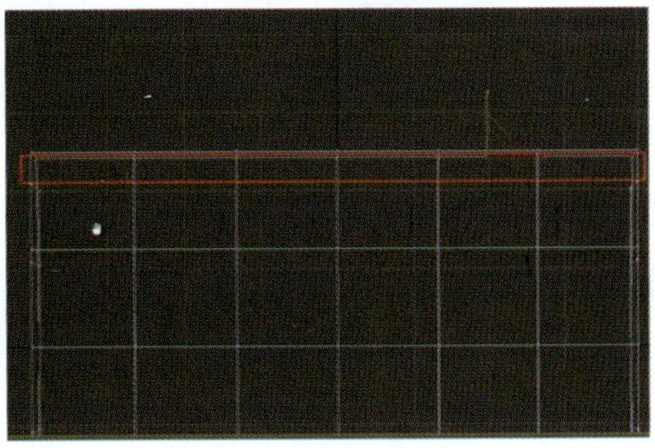

图 1-47

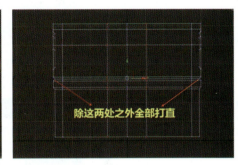

图 1-48

（26）按快捷键 P 切换到"Perspective"（透视图），再次单击 （顶点）按钮退出子级别选择状态，在"Edit Geometry"（编辑几何体）卷展栏中，单击 （剪切）按钮，对物体"box"添加边，添加后效果如图 1-49、图 1-50 所示。

（27）按快捷键 F 切换到"Front"（前视图），激活"Vertex"（顶点）子级别，按快捷键 R 切换到"Scale"（缩放）模式，框选如图 1-51 所示区域的点，对产生的点进行多次 Y 轴缩放，直至完全打直，最后效果如图 1-52 所示。

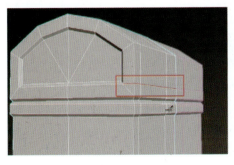

图 1-49

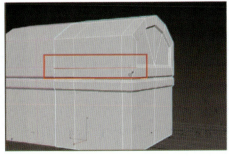

图 1-50

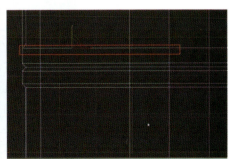

图 1-51

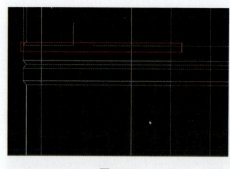

图 1-52

（28）按快捷键 P 切换到"Perspective"（透视图），激活"box"的"Polygon"（多边形）子级别，调整"box"至适当视角，框选如图 1-52 所示区域的面，单击 Extrude（挤出）右侧的小按钮，在"Extrude Polygons"（挤出多边形）弹窗中设置参数，如图 1-53 所示。设置完后关闭窗口，效果如图 1-54 所示。

（29）对所选择的多边形的 X 轴进行缩放调整，效果如图 1-55 所示，按快捷键 W 切换到"Move"（移动）模式，激活"Edge"（边）子级别，选择如图 1-56、图 1-57 所示的两条边，按快捷键 F 切换到"Front"（前视图），沿 Y 轴位置向上调整，效果如图 1-58 所示。

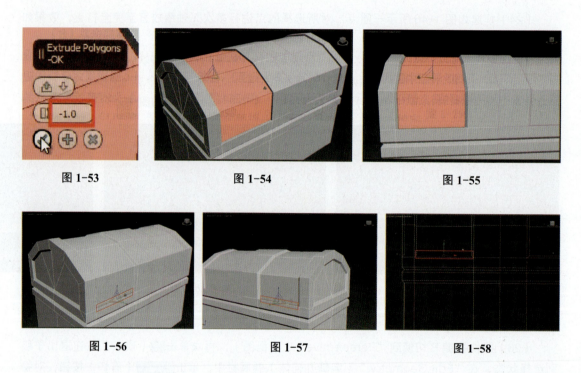

图 1-53　　　　　图 1-54　　　　　图 1-55

图 1-56　　　　　图 1-57　　　　　图 1-58

（30）激活"Vertex"（顶点）子级别，选中图 1-59 所示的两处顶点，分别单击 Target Weld（目标焊接）按钮，对选中的顶点进行焊接，焊接后效果如图 1-60 所示。

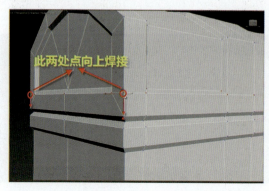

图 1-59

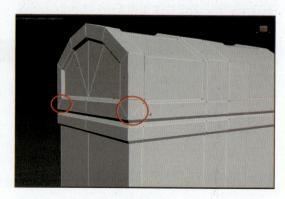

图 1-60

（31）双击如图1-61所示的边，选中一圈循环边，单击鼠标右键，弹出快捷菜单，单击左下方的"Remove"（移除）按钮，移除所选择的循环边，效果如图1-62所示。

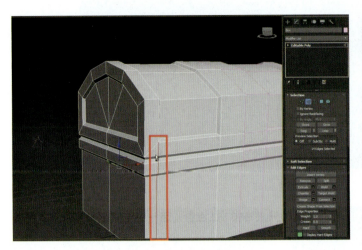
图 1-61

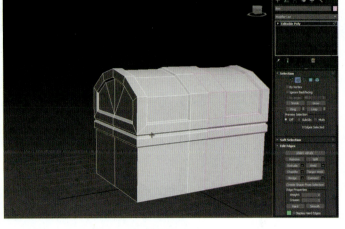
图 1-62

（32）再次单击 （边）按钮退出子级别选择状态，选择物体"box"，单击 （修改）按钮进入修改面板，单击命令面板中的 （使独立）按钮，使物体"box"由关联物体转为独立物体，如图1-63所示；展开"Edit Polygons"（编辑多边形）卷栏栏，单击 Attach （附上）按钮，在视图中单击物体"box001"，将物体"box001"和物体"box"结合为一物体，如图1-64所示。

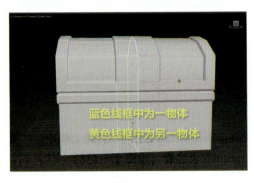
图 1-63

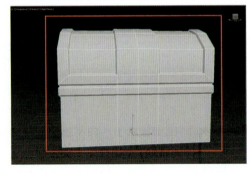
图 1-64

（33）按快捷键F切换到"Front"（前视图），激活"Vertex"（顶点）子级别，框选如图1-65所示的点，展开"Edit Vertices"（编辑点）卷展栏，单击 Weld （焊接）后的小按钮，在弹窗中按默认参数设置，之后单击 （确认）按钮焊接所选的点。

（34）激活"Edge"（边）子级别，双击选中如图1-66所示的一圈循环边，单击鼠标右键，弹出快捷菜单，在按住快捷键Ctrl的同时，单击左下方的"Remove"（移除）按钮，删除所选的边，删除后效果如图1-67所示。

（35）激活"Vertex"（顶点）子级别，框选如图1-68所示的点，按快捷键R切换到"Scale"（缩放）模式，对所选的点进行适当的X轴缩放，调整后效果如图1-69所示。

（36）激活"box"的"Polygon"（多边形）子级别，选中如图1-70所示的面，单击 Detach （分离）按钮，在"Detach"（分离）弹窗中设置参数，如图1-70所示。设置完成后，单击 OK （确认）按钮，更改分离物体名称为"box-top"。选择物体"box"，将其重新命名为"box-bottom"，分离后如图1-71所示。

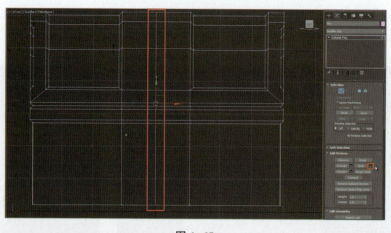

图 1-65

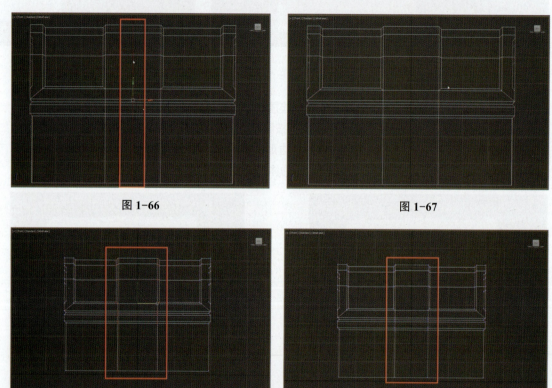

图 1-66　　　　　　　　　　　　　　图 1-67

图 1-68　　　　　　　　　　　　　　图 1-69

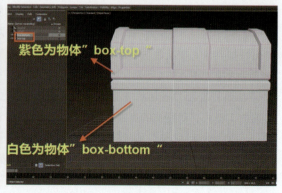

图 1-70　　　　　　　　　　　　　　图 1-71

（37）激活"Edge"（边）子级别，选中如图1-72所示的三圈循环边，并将其删除，删除后的效果如图1-73所示。

（38）选择物体"box-bottom"，单击鼠标右键，弹出快捷菜单，在左上部单击"Hide Unselected"（隐藏未选择的）按钮将上部物体"box-top"隐藏。激活"Edge"（边）子级别，双击物体"box-bottom"选择如图1-74所示循环边，单击 Extrude（挤出）右侧的小按钮，在"Extrude Edges"（挤出边）弹窗中设置参数"Height"（高度）值为"0"，单击（确认）按钮完成设置。之后，按快捷键R切换到"Scale"（缩放）模式，对所选择边的X轴和Y轴进行适当缩放调整，调整后效果如图1-75所示。

（39）单击 Extrude（挤出）右侧的小按钮，在"Extrude Edges"（挤出边）弹窗中设置"Height"（高度）等参数值都为0，设置完成后单击（确认）按钮，按快捷键W切换到"Move"（移动）模式，对所选择的边的Z轴进行位置调整，调整后效果如图1-76所示。

（40）激活"Borders"（边界）子级别，选择物体"box-bottom"的"Borders"（边界），在"Edit Borders"（编辑边界）卷展栏，单击 Cap（盖）按钮，为所选边界封盖；激活"box"的"Polygon"（多边形）子级别，选中产生的封面，单击 Detach（分离）按钮，在"Detach"（分离）弹窗中将Detach as（分离为）改名为"jin"，单击 OK（确认）按钮完成设置，如图1-77、图1-78所示。

（41）选择物体"jin"，激活"Edge"（边）子级别，选择物体"jin"对应的两条长边，如图1-79所示；单击 Connect（连接）后的小按钮，在弹出窗中设置参数"Segs"（分段数）为"4"，添加边后效果如图1-80所示；继续框选如图1-81所示的边，再次单击 Connect（连接）后的小按钮，在弹出窗中设置参数"Segs"（分段数）为2，最终效果如图1-82所示。

图1-72

图1-73

图1-74

图1-75

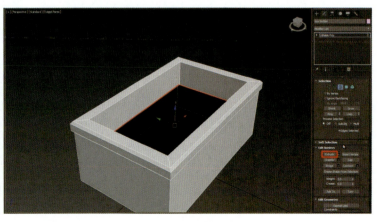
图1-76

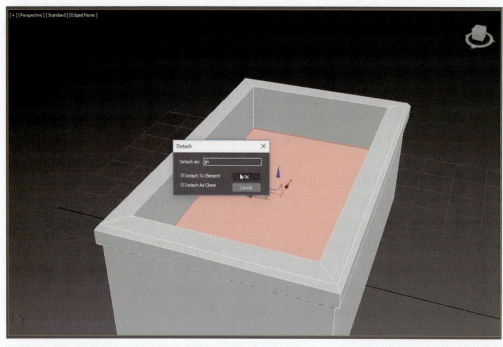
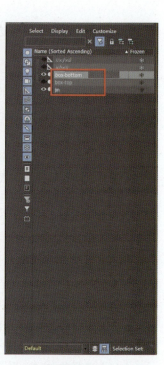

图 1-77　　　　　　　　　　　　　　　　　　　图 1-78

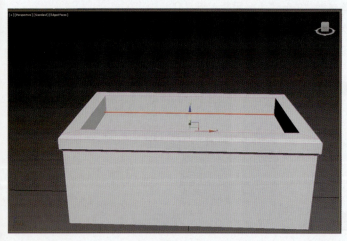
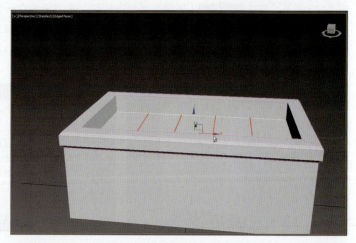

图 1-79　　　　　　　　　　　　　　　　　　　图 1-80

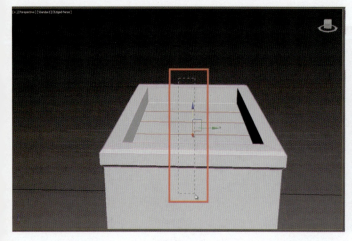
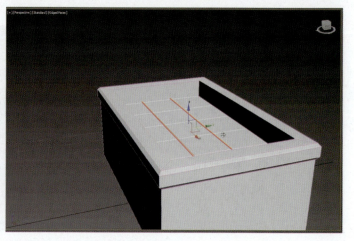

图 1-81　　　　　　　　　　　　　　　　　　　图 1-82

（42）激活"Vertex"（顶点）子级别，对物体"jin"各点进行 Z 轴位置调整，效果如图 1-83 所示；激活"Edge"（边）子级别，单击 Cut（剪切）按钮，对物体"jin"添加边及调整点，添加点后的效果如图 1-84 所示。

（43）单击右键弹出快捷菜单，在左上部单击"Unhide All"（不隐藏所有的）将物体"box-top"一起显示，选择物体"box-top"，单击鼠标右键，弹出快捷菜单，单击 Hide Unselected（隐藏未选择的）按钮将物体"box-bottom"和"jin"隐藏，如图 1-85、图 1-86 所示。

（44）激活"Borders"（边界）子级别，选择物体"box-top"的"Borders"（边界），如图 1-87 所示；单击 Extrude（挤出）右侧的小按钮，在"Extrude Borders"（挤出边界）弹窗中设置"Height"（高度）等参数值都为"0"，单击（确认）按钮完成设置。之后，按快捷键 R 切换到"Scale"（缩放）模式，对所选的边界进行适当的 X 轴缩放，调整后效果如图 1-88 所示。

（45）单击鼠标右键，弹出快捷菜单，在左上部单击"Unhide All"（不隐藏所有的）按钮将物体"box-bottom"一起显示，激活物体"box-top"的"Vertex"（顶点）子级别，按快捷键 W 切换到"Move"（移动）模式，对边界上的点进行 X 轴与 Y 轴位置调整，调整后与物体"jin"的边界对齐，如图 1-89 所示；单击 Target Weld（目标焊接）按钮，对边界上的点进行目标焊接，焊接前效果如图 1-88 所示，焊接后效果如图 1-90 所示。

图 1-83

图 1-84

图 1-85

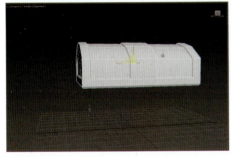
图 1-86

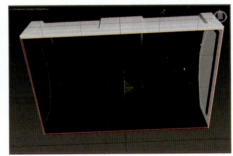
图 1-87

图 1-88

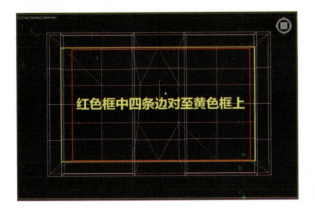
图 1-89

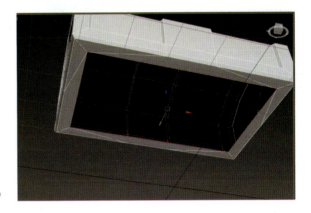
图 1-90

（46）激活"Borders"（边界）子级别，选择物体"box-top"的"Borders"（边界），在"Edit Borders"（编辑边界）卷展栏，单击 Extrude （挤出）右侧的小按钮，在"Extrude Borders"（挤出边界）弹窗中设置"Height"（高度）等参数值都为"0"，单击 （确认）按钮完成设置。之后，按快捷键 W 切换到"Move"（移动）模式，对所选择的边界的 Z 轴进行适当位置上移，按快捷键 R 切换到"Scale"（缩放）模式，对所选择的边界 Y 轴进行缩放调整，调整后效果如图 1-91 所示。继续单击 Cap （盖）按钮，为所选边界封盖，如图 1-92 所示。

（47）激活"box"的"Polygon"（多边形）子级别，选中新产生的封盖的面，展开 Edit "Polygons"（编辑多边形）卷展栏，单击 Extrude （挤出）右侧的小按钮，在"Extrude Polygons"（挤出多边形）弹窗中设置"Height"（高度）等参数值都为"0"，按快捷键 W 切换到"Move"（移动）模式，对所选择面的 Z 轴进行位置上移，如图 1-93 所示，按快捷键 R 切换到"Scale"（缩放）模式，对所选择的面的 Y 轴进行适当缩放，调整后效果如图 1-94 所示。

（48）单击 （多边形）按钮退出"Polygon"（多边形）子级别选择状态，选择物体"box-top"，单击鼠标右键，弹出快捷菜单，在左上部单击"Unhide All"（不隐藏所有的）按钮将全部物体一起显示，单击工具栏中 （捕捉开关）按钮，然后在按钮上单击鼠标右键，在弹出的栅格和捕捉设置窗口中勾选"Vertex"（顶点），如图 1-95 所示；关闭窗口后，在命令面板中单击 （层次）按钮，在"Adjust Pivot"（调整轴）卷展栏中单击 Affect Pivot Only （仅影响轴）按钮，按快捷键 W 切换到"Move"（移动）模式，将轴心吸附至如图 1-96 所示的点上。

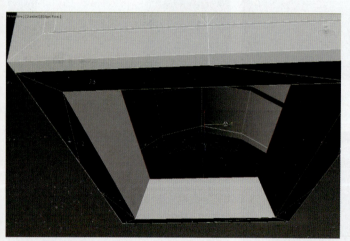

图 1-91

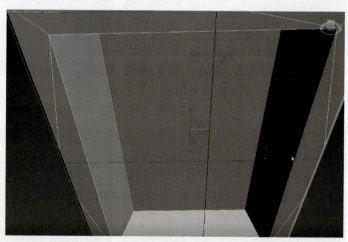

图 1-92

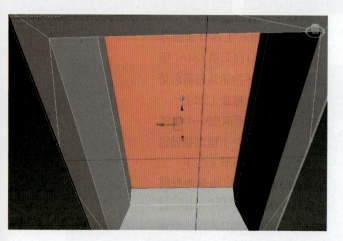

图 1-93

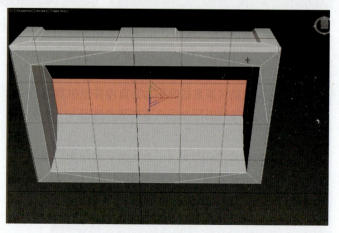

图 1-94

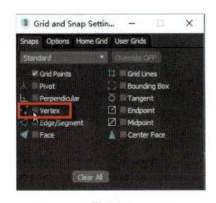
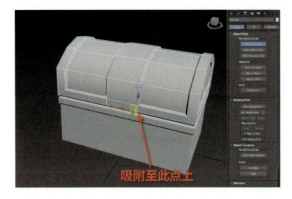

图 1-95　　　　　　　　　图 1-96

（49）再次在"Adjust Pivot"（调整轴）卷展栏中单击 Affect Pivot Only（仅影响轴）按钮，关闭仅影响轴状态，在工具栏中单击 （捕捉开关）按钮，关闭捕捉开关，按快捷键 E 切换到"Rotate"（旋转）模式，对物体"box-top"进行 X 轴旋转，如图 1-97 所示。至此，箱子模型建造完成，最终效果如图 1-98 所示。

（50）按组合快捷键 Ctrl+S 保存 box.max 文件（文件路径："手绘 3D 项目实战"项目资料→项目文件→项目 1　游戏道具与制作→宝箱→ max → box.max）。

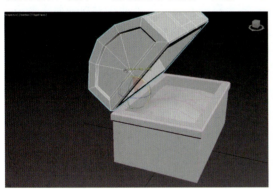

图 1-97　　　　　　　　　图 1-98

1.2　设置光滑组

游戏道具模型光滑组的作用：多边形模型在默认情况下会为每一个面分配一个光滑组编号，游戏引擎中多边形模型光滑组编号越少，占用的资源就越少，游戏运行就越快，因此，对多边形模型重新尽量少地分配光滑组很重要。

【实战小技巧】同一编号光滑组的面显示为平滑状态；不同编号光滑组相邻边显示为硬边，反之，相同编号光滑组相邻边显示为软边，如图 1-99 所示，图中箱子 1 和箱子 2 局部面设置了光滑组，箱子 3 为游戏道具正确设置了光滑组的显示状态。

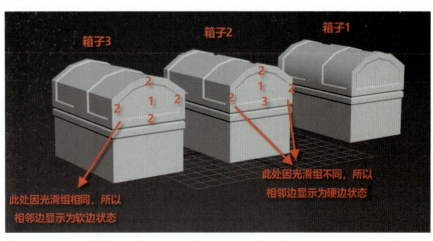

图 1-99

（1）打开"手绘3D项目实战"项目资料→项目文件→项目1 游戏道具与制作→宝箱→max中的box.max文件，按快捷键P切换到"Perspective"（透视图），在右侧命令面板中执行 ➕（创建）→ ◉（几何体）→ Box （长方体）命令，在"Perspective"（透视图）中拖动鼠标，创建如图1-100所示的长方体。

（2）选中长方体"box001"，然后，在长方体上单击鼠标右键，弹出快捷菜单，单击"Convert To"（转换为）下的"Convert To Editable Poly"（转换为可编辑多边形）按钮，将模型转化为可编辑的多边形物体，按快捷键W进入"Move"（移动）模式，在按住快捷键Shift的同时按住鼠标左键沿X轴方向拖动，在弹出的"Clone Options"（克隆项目）窗口选择"Copy"复制模式，单击 OK （确认）按钮后独立复制了长方体"box002"，如图1-101所示。

（3）选择长方体"box001"，在"Modify"（修改）面板中激活它的"Polygon"（多边形）子级别，选中长方体"box001"所有的面，在"Modify"（修改）菜单中展开"Polygon：Smoothing Groups"（多边形：平滑组）卷展栏，我们可以看到有6个灰色无数字的按钮，这表示此物体已使用了六个平滑组，单击 Clear All （清除全部）按钮，清除全部光滑组，如图1-102所示。

（4）继续保持激活长方体"box001"的"Polygon"（多边形）子级别，选择上下两个对应的面，再单击"Polygon：Smoothing Groups"（多边形：平滑组）卷展栏中 1 （1）按钮，为选中的面赋予平滑组1编号，如图1-103所示；同步骤分别赋予另外两组对应的面平滑组2编号和3编号，分别如图1-104、图1-105所示，再选择所有的面，在"Modify"（修改）菜单展开"Polygon：Smoothing Groups"（多边形：平滑组）卷展栏，可以看到有3个灰色无数字的按钮，如图1-106所示。

（5）再次单击命令面板中 ◉（多边形）按钮，退出多边形子级别选择状态，将会发现长方体"box001"和长方体"box002"在透视图中显示状态完全一样，（长方体"box001"用了3个平滑组，长方体"box002"用了6个平滑组），长方体"box002"因为少用了一半平滑组，所以在游戏引擎中运行速度会更快，如图1-107所示。

（6）选择两个长方体，按Delete键将其删除，单击工具栏中 ◉ 打开"Material"（材质编辑器），单击一个空白材质球，并将材质命名为"1"，再分别将相邻几个空白材质球命名为"2" "3" "4"，单击"Blinn Basic Parameters"（Blinn基本参数）卷展栏中"Diffuse"（漫反射）后面的色块，在弹出的漫反射颜色窗口中选择绿色为材质基本颜色，同理，为材质2、材质3和材质4分别选择黄色、蓝色和红色为各自材质的基本颜色，如图1-108所示。

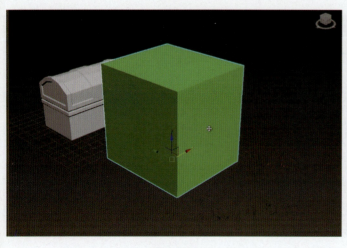

图1-100

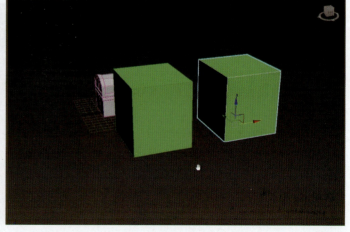

图1-101

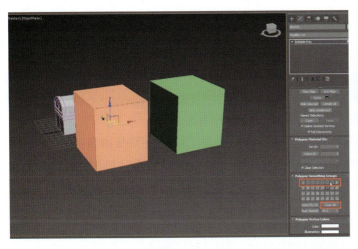

图 1-102

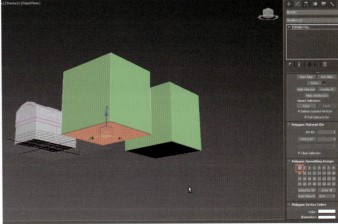

图 1-103

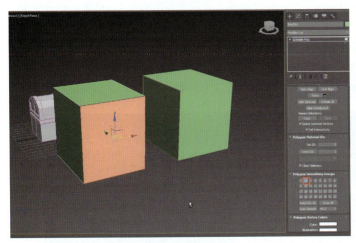

图 1-104

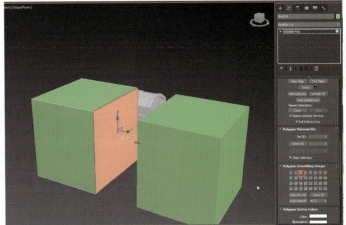

图 1-105

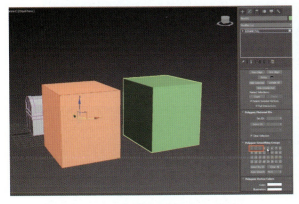

图 1-106

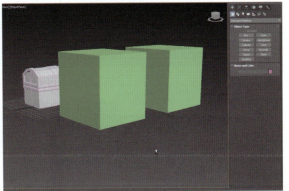

图 1-107

图 1-108

【实战小技巧】为什么为箱子分配平滑组前要先设定四个不同颜色的材质？因为不同编号的平滑组其材质为一个时，无法一眼看出。相邻（包括对角相邻）的平滑组编号是不同的，否则，相邻平滑组之间的边为软边，反之为硬边。为了防备设置平滑组编号出现混乱，将不同编号平滑组的面赋予不同颜色的材质，这样可以一目了然，但是在 UV 展开时，宝箱三个物体只能赋予同一个材质。

（7）为箱子分配平滑组。选择材质 1，选择物体"box-bottom"，在"Modify"（修改）面板中激活它的"Polygon"（多边形）子级别。选择如图 1-109 所示的面，单击材质编辑器中的

（将材质指定给选择的对象）按钮，指定选择的面的材质为"1"，单击"Modify"（修改）菜单下"Polygon：Smoothing Groups"（多边形：平滑组）卷展栏中 1（1）按钮，赋予选择的面平滑组编号为1。

（8）选择如图1-110所示的面，单击材质编辑器中的 ■（将材质指定给选择的对象）按钮，指定选择的面的材质为"2"，单击"Modify"（修改）菜单下"Polygon：Smoothing Groups"（多边形：平滑组）卷展栏中 2（2）按钮，赋予选择的面平滑组编号为2。

（9）选择如图1-111所示的面，同上步骤指定材质为"3"，平滑组编号为3；选择如图1-112所示的面，同上步骤指定材质为"4"，平滑组编号为4；选择如图1-113所示的面，同上步骤指定材质为"1"，平滑组编号为1；选择如图1-114所示的面，同上步骤指定材质为"2"，平滑组编号为2。

（10）多次重复步骤（8），分别为物体"box-bottom"物体"box-top"及物体"jin"各面指定材质和平滑组编号，最终材质及平滑组编号如图1-115至图1-117所示。

【实战小技巧】分配材质球与平滑组编号时，应让材质1对应平滑组编号1，材质2对应平滑组编号2，材质3对应平滑组编号3，材质4对应平滑组编号4，这样从颜色上就能分辨平滑组编号，从而能够顺利地完成平滑组编号（相邻平滑组编号都不同）。

（11）箱子平滑组编号设置完成后，确定正确无误，保存为box-smooth.max文件（文件路径："手绘3D项目实战"项目资料→项目文件→项目1 游戏道具与制作→宝箱→max→box-smooth.max）。

图1-109

图1-110

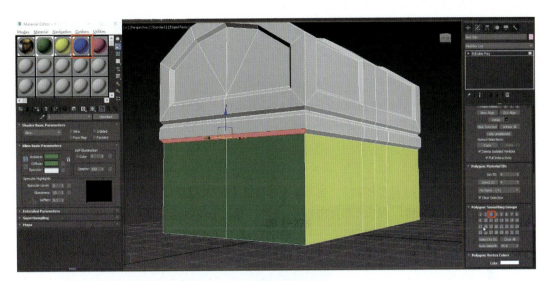

图 1-111

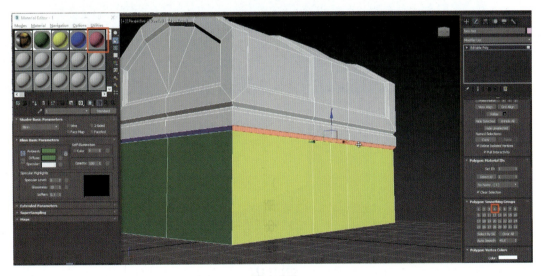

图 1-112

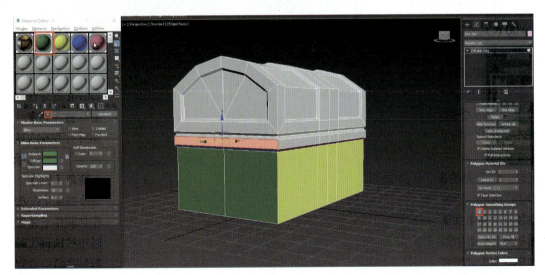

图 1-113

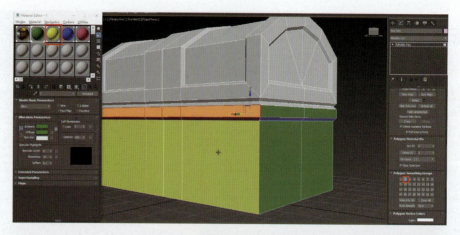

图 1-114

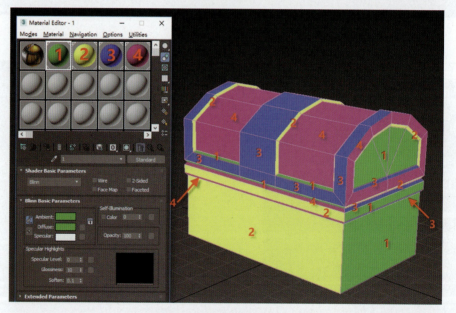

图 1-115

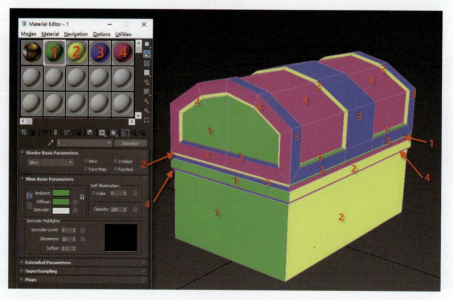

图 1-116

项目 1　游戏道具与制作——以宝箱为例　023

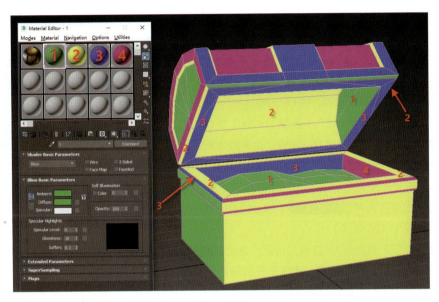

图 1-117

1.3　宝箱 UV 展开

　　游戏道具 UV 的展开质量直接影响贴图的绘制效果，UV 布线的准确性影响贴图的纹理的准确性，UV 布线的合理性和规范性影响贴图绘制的难度及效果。

　　（1）打开"手绘 3D 项目实战"项目资料→项目文件→项目 1　游戏道具与制作→宝箱→max 中的 box1.max 文件。此文件中，宝箱三个物体共用一个名为"box"材质，并且将平滑组编号全部正确设置完毕，共用了四个平滑组。

　　（2）选择物体"box-top"，在"Modify"（修改）面板中单击 Modifier List （修改菜单列表）后面的三角形按钮，在下拉列表中给物体"box-top"添加一个"Unwrap UVW"（UVW 展开）修改器，如图 1-118 所示。

图 1-118

（3）在"Modify"（修改）面板"Edit UVs"（编辑 UV）卷展栏中，单击 Open UV Editor...（打开 UV 编辑器）按钮，弹出"Edit UVWs"（编辑 UVWs）窗口（窗口中物体"box-top"的 UV 是混乱的），单击窗口下方的 ◁（边）按钮激活 UV 边，在透视图中选择物体侧面一条边，再单击窗口下方的 ▭（循环边）按钮，选择如图 1-119 所示的边，继续按住快捷键 Ctrl 加选如图 1-120 所示的粉色边，再单击"Edit UVs"（编辑 UV）窗口右侧的 ▭（断开）按钮，使 UV 沿着选择的边断开。断开效果如图 1-120 所示。

（4）继续在"Edit UVWs"（编辑 UVWs）窗口下方单击 ▭（多边形）按钮激活 UV 面，再单击旁边的 ▭（按元素 UV 切换选择）按钮，选择刚才断开的箱盖内侧的 UV 面所在的元素，如图 1-121 所示，单击"Edit UVWs"（编辑 UVWs）窗口上方的 Tools 菜单，在下拉菜单列表中单击"Relax"（松弛）指令，如图 1-122 所示，在弹出的"Relax Tool"（松弛工具）窗口中单击 Start Relax （开始松弛）按钮，待完全松弛后再单击 Stop Relax （停止松弛）按钮结束松弛，关闭"Relax Tool"（松弛工具）窗口，效果如图 1-123 所示。

【实战小技巧】若遇见 UV 打转的情况，建议在 Relax By Polygon Angles 图标的箭头处转换模式。

（5）与步骤（4）方法相同，选择断开的箱盖外侧的 UV 面，对选择的 UV 面进行松弛操作，再单击工具栏中的 ▭（自由形式模式）按钮，对刚才松弛过的两元素 UV 面进行位置及方向调整，调整后如图 1-124 所示。单击窗口下方的 ◁（边）按钮激活 UV 边，在透视图中选择如图 1-125 所示的边，单击"Edit UVWs"（编辑 UVWs）窗口中的 ▭（断开）按钮，使 UV 沿着选择的边断开。

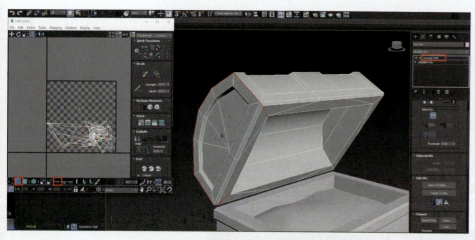

图 1-119

图 1-120

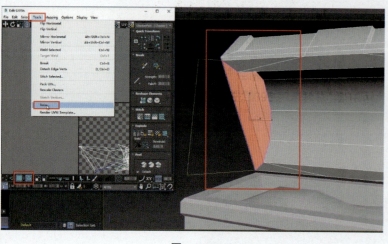

图 1-121

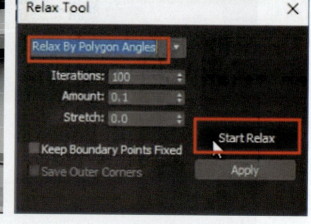

图 1-122

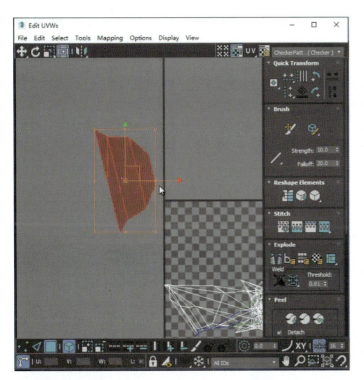

图 1-123

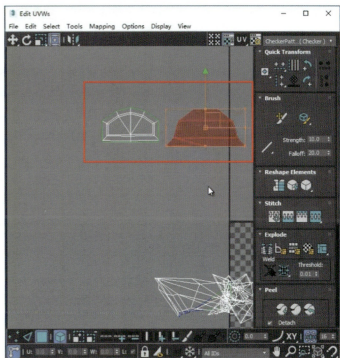

图 1-124

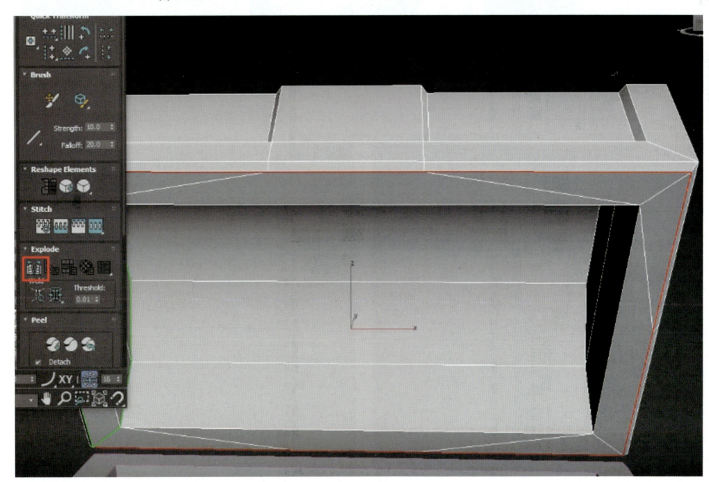

图 1-125

（6）继续选择边，如图1-126、图1-127所示，再单击"Edit UVWs"（编辑UVWs）窗口中的 ■（断开）按钮，使UV沿着选择的边断开，断开后效果如图1-128所示（粉色边为断开边界）。

（7）重复步骤（4），对刚才断开的三元素UV面分别进行松弛，松弛后运用工具栏中的 ■（自由形式模式）工具对其位置及方向进行调整，调整后效果如图1-129、图1-130所示。

（8）单击窗口下方的 ■（边）按钮激活UV边，在透视图中继续选择，如图1-131所示，再单击"Edit UVWs"（编辑UVWs）窗口中的 ■（断开）按钮，使UV沿着选择的边断开，断开后效果如图1-132所示。

（9）单击窗口下方的 ■（顶点）按钮激活UV顶点，框选如图1-133所示的UV顶点，对其进行同步骤（4）一样的松弛操作。松弛后调整其位置及方向，如图1-134所示。

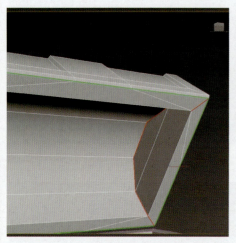
图1-126

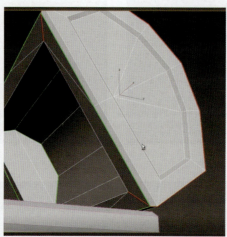
图1-127

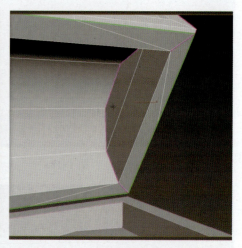
图1-128

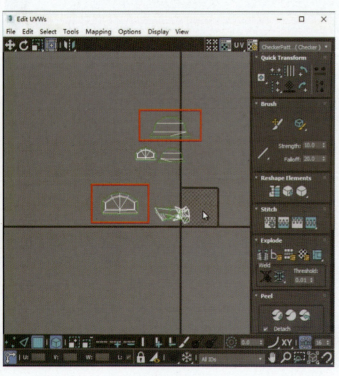
图1-129

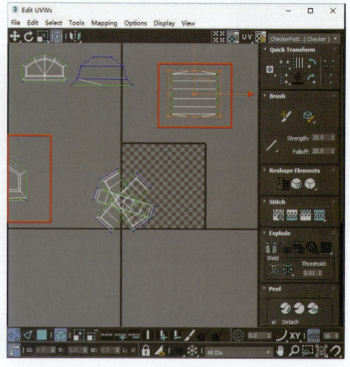
图1-130

项目 1　游戏道具与制作——以宝箱为例　　027

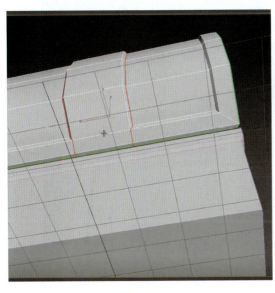

图 1-131

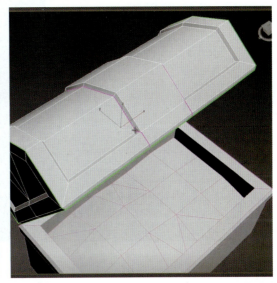

图 1-132

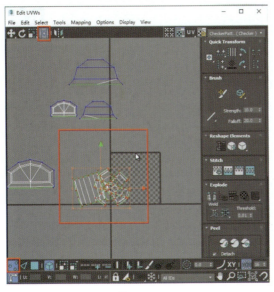

图 1-133　　　　　　　　　　　　　　　图 1-134

（10）单击■（多边形）按钮激活 UV 面，选择如图 1-135 所示的 UV 面，在 UV 面上单击鼠标右键，在弹出的快捷菜单中单击"Break"（断开）按钮，如图 1-136 所示。将选择的 UV 面断开，断开移动后效果如图 1-137 所示。调整各 UV 元素的搁置及方向，如图 1-138 所示。

【实战小技巧】图 1-137 所示的断开面，是因为箱盖上两个凹面的纹理如果完全一样，则手绘 copy 的痕迹太明显，且太对称的纹理不符合现实。所以，断开后将其中一凹面上下镜像，这样在绘制纹理时可以绘制一样的纹理，但在 Max 场景中同侧看到的是不同的纹理。

（11）单击窗口下方的■（顶点）按钮激活 UV 顶点，选择如图 1-139 所示的 UV 顶点，再单击"Edit UVWs"（编辑 UVWs）窗口右上方的■（水平对齐到轴）按钮，使选择的点沿水平方向成一条直线；继续选择如图 1-140 所示的 UV 顶点，单击右上方■（垂直对齐到轴）按钮，使选择的点沿垂直方向成一条直线；继续将图 1-140 中所有的点在水平和垂直两方向全部打直，效果如图 1-141 所示。

028　项目 1　游戏道具与制作——以宝箱为例

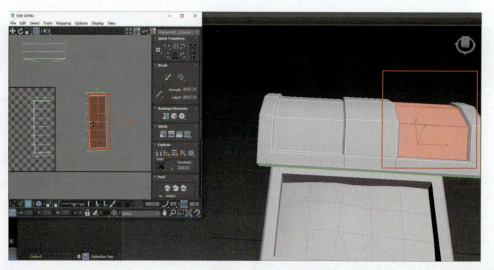

图 1-135

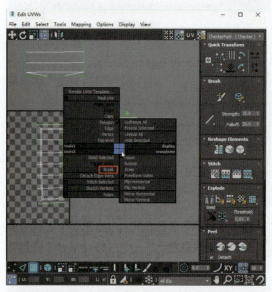

图 1-136

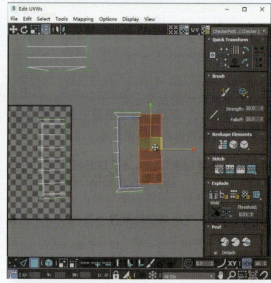

图 1-137

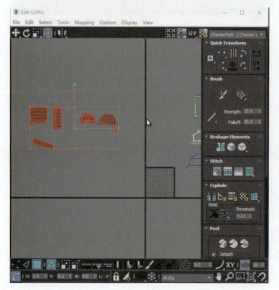

图 1-138

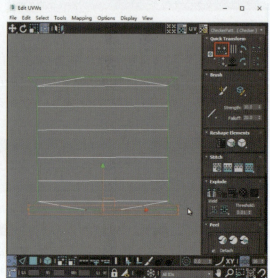

图 1-139

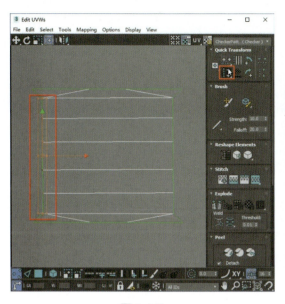

图 1-140

图 1-141

（12）重复步骤（11），将图 1-142 至图 1-144 所示的 UV 元素所有顶点沿水平和垂直方向打直，打直后效果如图 1-145 至图 1-147 所示。

（13）单击"Edit UVWs"（编辑 UVWs）窗口右上方 CheckerPatt...(Checker) ［棋盘格图样（棋盘格）］后面的三角形按钮，在下拉列表中单击"Texture Checker"（UV_Checker.png）［纹理棋盘格（UV_棋盘格 .png）］，为箱盖赋予一张临时的 UV_Checker.png 贴图，如图 1-148 所示。

【实战小技巧】临时的 UV_Checker.png 贴图上字母的大小和方向可以帮助我们识别 UV 元素的比例和方向，调整后的每一 UV 元素上的字母应尽量一样大小，方向尽量一致。

（14）重复步骤（11），将图 1-149 所示的 UV 元素所有顶点沿水平和垂直方向打直，打直后效果如图 1-150 所示。此时，箱盖贴图上的字母有变形情况，如图 1-151 所示。选中相关的 UV 顶点，运用工具栏中的 ■（自由形式模式）工具对其位置沿 X 轴方向进行调整，调整后效果如图 1-152 所示。

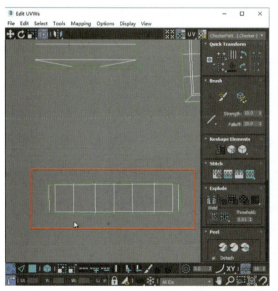

图 1-142

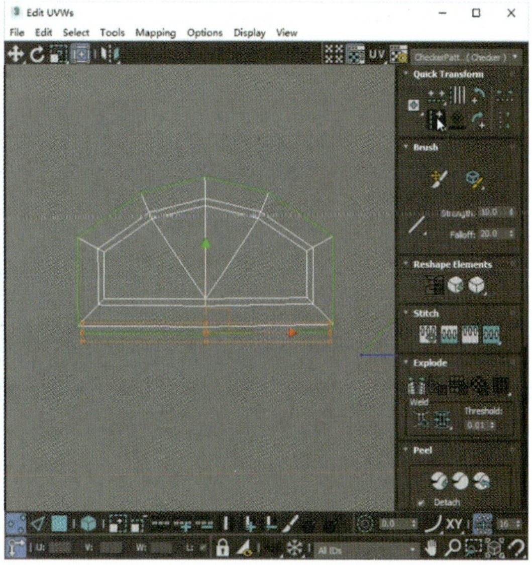

图 1-143

030 项目 1　游戏道具与制作——以宝箱为例

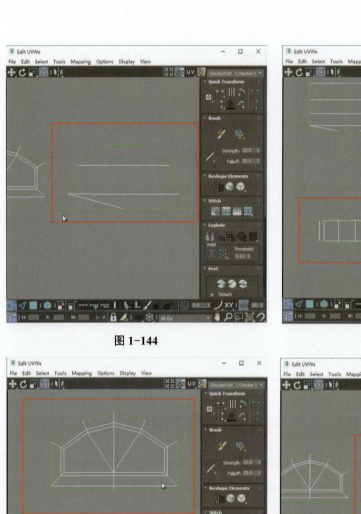

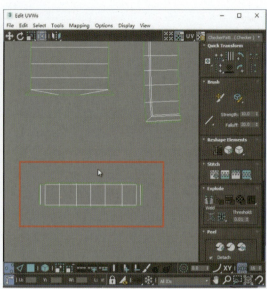

图 1-144　　　　　　　　　　　　　　图 1-145

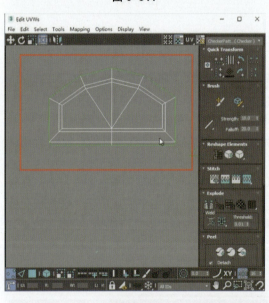
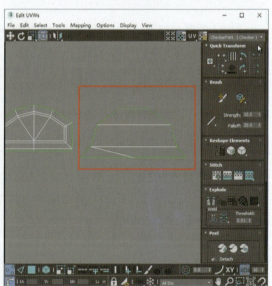

图 1-146　　　　　　　　　　　　　　图 1-147

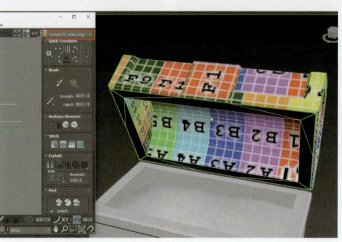

图 1-148

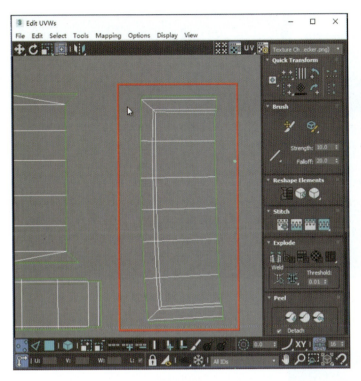

图 1-149　　　　　　　　　　　　　　图 1-150

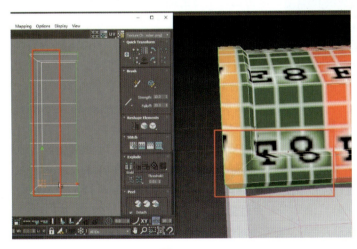　　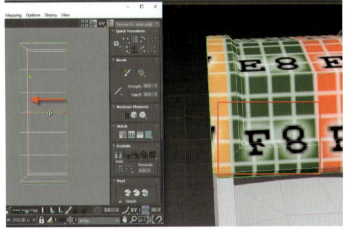

图 1-151　　　　　　　　　　　　　　图 1-152

（15）在"Edit UVWs"（编辑 UVWs）窗口中，运用工具栏中的 ▦（自由形式模式）工具对各 UV 元素的位置进行调整，调整后效果如图 1-153 所示。

（16）关闭"Edit UVWs"（编辑 UVWs）窗口，选中箱盖物体"box-top"，在"Unwrap UVW"修改器上单击鼠标右键，如图 1-154 所示。在弹出的下拉列表中单击"Collapse To"（塌陷到），在弹出的"Warning：Collapse To"（警告：塌陷到）窗口单击 Yes （是的）按钮，关闭窗口，将箱盖物体"box-top"的"Unwrap UVW"修改器塌陷，如图 1-155 所示。

（17）执行主菜单"File"（文件）→"Save As"命令，在弹出的"Save File As"（储存文件为）窗口中"File name"（文件名）处输入"box_uv"，将场景另存为 box_uv.max 文件。

（18）同时选择物体"box-bottom"和物体"jin"，在 Modify（修改）面板中单击 Modifier List
（修改菜单列表）后面的三角形按钮，在下拉列表中给两物体添加同一个 Unwrap UVW（UVW 展开）修改器。

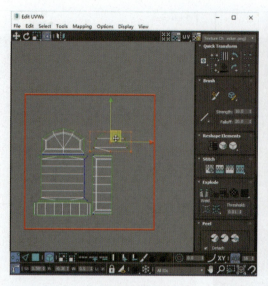

图 1-153

图 1-154

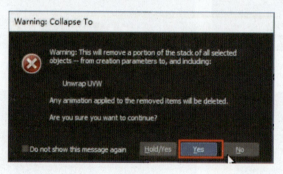

图 1-155

（19）在"Edit UVs"（编辑 UV）卷展栏中，单击 Open UV Editor...（打开 UV 编辑器）按钮，弹出"Edit UVWs"（编辑 UVWs）窗口，单击窗口下方的 ◢（边）按钮激活 UV 边，在透视图中选择边，如图 1-156 所示，再单击 Edit UVWs（编辑 UVWs）窗口中的 ▦（断开）按钮，使 UV 沿着选择的边断开，断开后效果如图 1-157 所示。

【实战小技巧】添加 Unwrap UVW 修改器时会自动给物体进行 UV 拆分，因此，根据需要仅进行少量手动拆分即可。

（20）单击"Edit UVWs"（编辑 UVWs）窗口下方的 ⋮（顶点）按钮，激活 UV 顶点，选择全部 UV 顶点，单击窗口上方的"Tools"菜单，在下拉菜单列表中单击"Relax"（松弛）指令，在弹出的"Relax Tool"（松弛工具）窗口中单击 Start Relax（开始松弛）按钮，待完全松弛后再单击 Stop Relax（停止松弛）按钮结束松弛，关闭 Relax Tool（松弛工具）窗口，效果如图 1-158 所示。单击窗口下方的 ▣（按元素 UV 切换选择）按钮，选择刚才断开的各 UV 元素，对各 UV 元素分别进行位置和方向的初步调整，调整效果如图 1-159 所示。

（21）单击窗口下方的 ⋮（顶点）按钮，激活 UV 顶点，选择如图 1-160 所示的 UV 顶点，单击窗口右上方的 ▮（垂直对齐到轴）按钮，使选择的点沿垂直方向成一条直线；继续选择如图 1-161 所示的 UV 顶点，再单击"Edit UVWs"（编辑 UVWs）窗口右上方的 ▬（水平对齐到轴）按钮，使选择的点沿水平方向成一条直线。

（22）重复步骤（21），继续将图 1-161 红框中所有的点在水平和垂直两方向全部打直，效果如图 1-162 所示。将物体"box-bottom"其余各 UV 元素的所有顶点沿水平和垂直方向打直，打直后效果如图 1-163 所示。

（23）单击窗口右上方 CheckerPatt...(Checker) [棋盘格图样（棋盘格）]后面的三角形按钮，在下拉列表中单击"Texture Checker"（UV_Checker.png）[纹理棋盘格（UV_棋盘格.png）]按钮，为两物体赋予一张临时的 UV_Checker.png 贴图，如图 1-164 所示；再框选物体"jin"的所有 UV 顶点，运用工具栏中的 ▦（自由形式模式）工具对物体"jin"的 UV 顶点的进行缩放调整，缩放后使其贴图上的字母与其他 UV 元素上的字母大体相同。

图 1-156

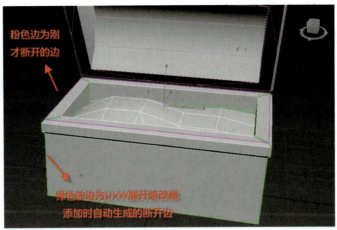
图 1-157

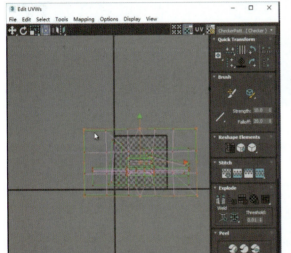
图 1-158

图 1-159

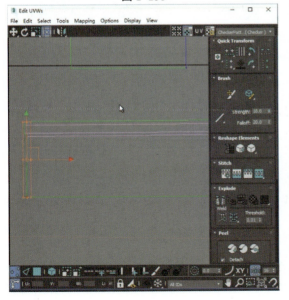
图 1-160

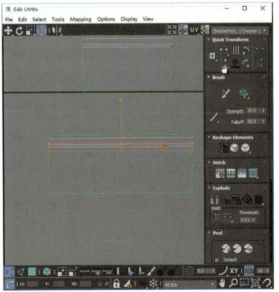
图 1-161

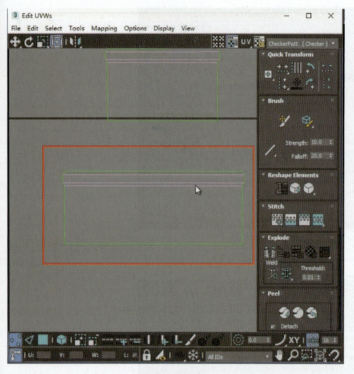

图 1-162

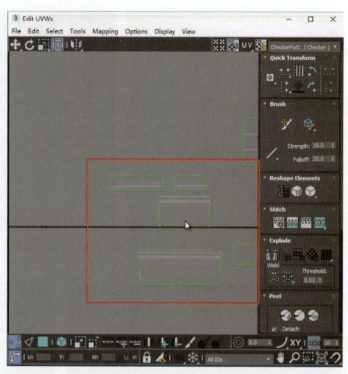

图 1-163

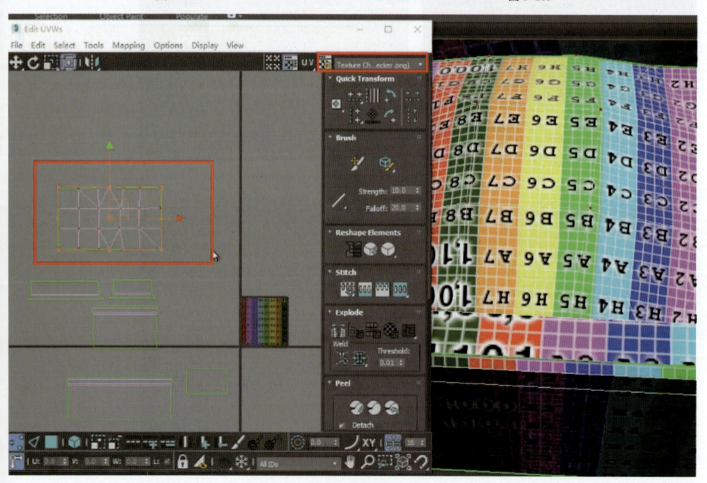

图 1-164

(24)重复步骤(21),将物体"jin"四周边缘的顶点沿水平和垂直方向打直,打直前后效果如图1-165、图1-166所示。

(25)关闭"Edit UVWs"(编辑UVWs)窗口,同时选中物体"box-bottom"和物体"jin",在"Modify"(修改)面板中在"Unwrap UVW"修改器上单击鼠标右键,在弹出的下拉列表中单击"Collapse To"(塌陷到)按钮,在弹出的"Warning:Collapse To"(警告:塌陷到)窗口单击 Yes (是的)按钮,关闭窗口,将两物体的Unwrap UVW修改器塌陷。

(26)同时选择物体"box-bottom"、物体"jin"和物体"box-top"三个物体,在"Modify"(修改)面板中单击 Modifier List (修改菜单列表)后面的三角形按钮,在下拉列表中给三个物体添加同一个Unwrap UVW(UVW展开)修改器。

(27)在"Edit UVs"(编辑UV)卷展栏中,单击 Open UV Editor... (打开UV编辑器)按钮,弹出"Edit UVWs"(编辑UVWs)窗口,单击窗口下方的 (顶点)按钮,激活UV顶点,框选如图1-167所示的UV顶点。

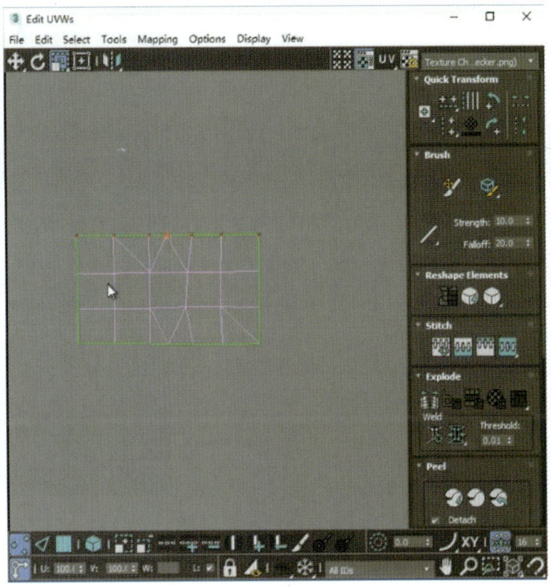

(28)单击"Edit UVWs"(编辑UVWs)窗口右上方 CheckerPatt...(Checker) [棋盘格图样(棋盘格)]后面的三角形按钮,在下拉列表中单击"Texture Checker"(UV_Checker.png)[纹理棋盘格(UV_棋盘格.png)]按钮,为三个物体赋予一张临时的UV_Checker.png贴图,如图1-168所示。

(29)单击"Edit UVWs"(编辑UVWs)窗口右下方 (紧缩在一起)按钮,将选中的各元素紧凑地放置在一起,效果如图1-169所示。

(30)再单击"Edit UVWs"(编辑UVWs)窗口右下方 (重缩放元素)按钮,将选中的各元素紧凑地放置在中心的正方形中,效果如图1-170所示。重缩放元素后,物体各面的贴图字母大小大致相同。

图 1-165

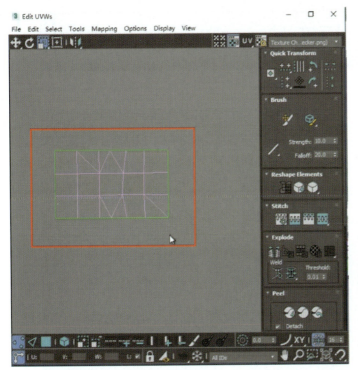

图 1-166

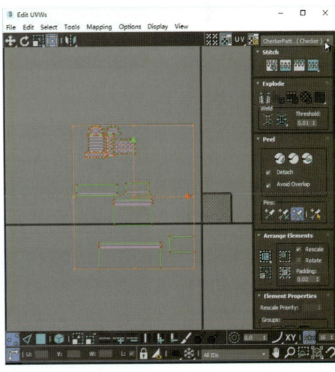

图 1-167

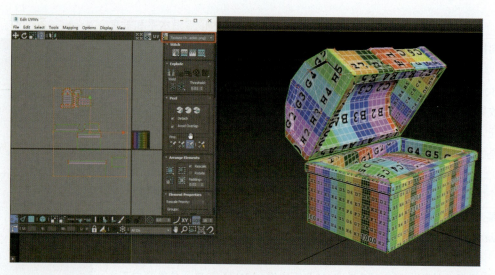

图 1-168

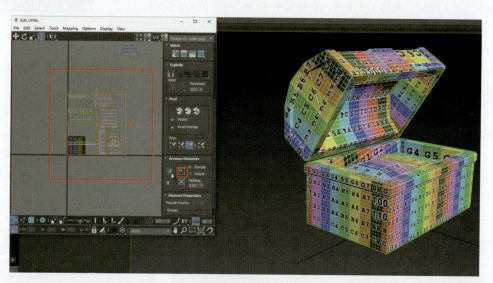

图 1-169

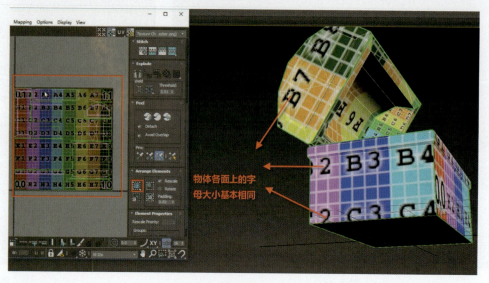

物体各面上的字母大小基本相同

图 1-170

（31）在窗口下方单击■（多边形）按钮激活UV面，再单击旁边的⬛（按元素UV切换选择）按钮，对正方形中各UV元素的位置及方向重新进行排布，排布前后效果如图1-171、图1-172所示。

（32）在UV多边形激活下，框选三个物体剩余对称纹理的UV元素，如图1-173所示。运用工具栏中的■（自由形式模式）工具，对所选的UV元素的进行缩放调整，调整后效果如图1-174所示。

【实战小技巧】这些UV元素为箱子物体具有相同结构的对称面，每一UV元素都能在已排布好的正方形中找到相同形状，我们只需要将对应的UV元素的UV顶点一一对齐即可。

（33）在"Edit UVWs"（编辑UVWs）窗口右下角单击■（捕捉切换）按钮激活捕捉功能，单击窗口上方的工具栏中的■（移动选定的子对象）按钮，再单击窗口下方的■（顶点）按钮激活UV顶点，运用工具栏中的■（移动选定的子对象）工具将对应的点一一吸附到对应的位置，如图1-175所示。

（34）重复步骤（33），分别将剩余各UV元素的顶点一一对齐到对应的位置上，使箱子对称面的UV元素全部重合在一起，最后UV排布效果如图1-176、图1-177所示。

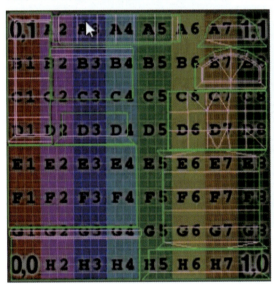
图 1-171

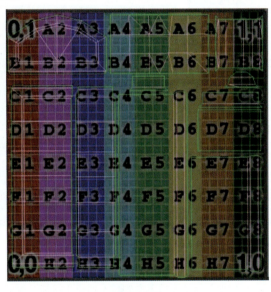
图 1-172

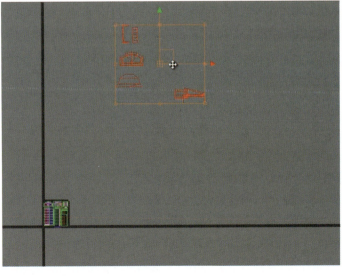
图 1-173

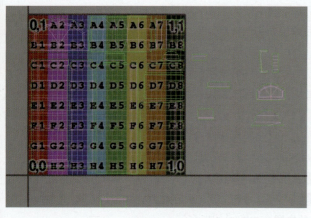

图 1-174

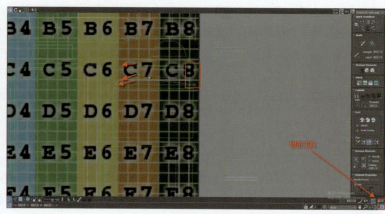

图 1-175

图 1-176

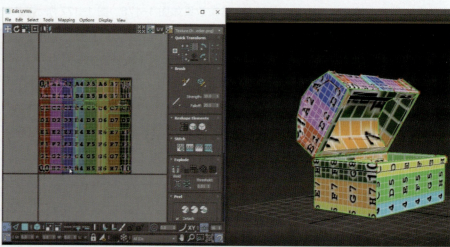

图 1-177

（35）单击窗口下方的 (顶点）按钮，激活 UV 顶点，框选全部 UV 顶点，再单击"Edit UVWs"（编辑 UVWs）窗口上方菜单中的 Tools （工具）按钮，在下拉子菜单中单击"Render UVW Template"（渲染 UVW 模板），如图 1-178 所示；在弹出的"Render UVs"（渲染 UV）窗口设置参数，如图 1-179 所示，单击 Render UV Template （渲染 UVW 模板）关闭窗口进行渲染，弹出的"Render Map"（渲染贴图）窗口如图 1-180 所示。

（36）在"Render Map"（渲染贴图）窗口单击 (保存）按钮，在弹出的"Save Image"（保存图像）窗口的"File name"（文件名）中输入"box-uv"，单击 All Formats （文件格式）后面的小三角按钮，在下拉列表中单击 PNG Image File (*.png) 按钮，单击 Save （保存）按钮保存 box-uv.png 图像文件。

（37）在"Modify"（修改）面板中在"Unwrap UVW"修改器上单击鼠标右键，在弹出的下拉列表中单击"Collapse To"（塌陷到），在弹出的"Warning：Collapse To"（警告：塌陷到）窗口单击 Yes （是的）按钮，关闭窗口，将三个物体的 Unwrap UVW 修改器塌陷，如图 1-181 所示。

（38）执行主菜单"File"（文件）→"Save As"命令，在弹出的"Save File As"（储存文件为）窗口中"File name"（文件名）处输入"box_uv3"，将场景另存为 box_uv3.max 文件（文件路径："手绘 3D 项目实战"项目资料→项目文件→项目 1 游戏道具与制作→宝箱→ max → box_uv3.max）。

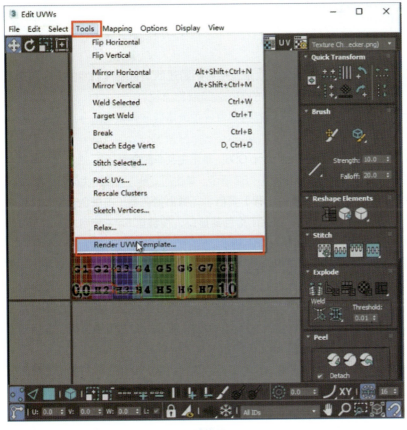

图 1-178　　　　　　　　　　　　　图 1-179

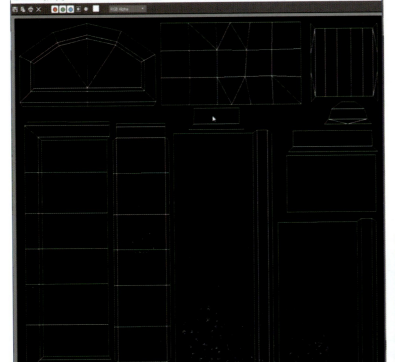

图 1-180　　　　　　　　　　　　　图 1-181

1.4 宝箱贴图制作

游戏道具贴图在手绘贴图游戏中尤为重要，其效果直接影响游戏的风格及视觉冲击力。因此，我们在"宝箱贴图制作"中将详细讲解企业贴图制作的规范性及制作流程。

【实战小技巧】贴图绘制流程：导出 UV 图→固有色定位→拉大渐变→体积明暗→高光→阴影→细节纹理。

（1）双击桌面上的 Ps 图标，运行 Adobe Photoshop CS6，单击主菜单 文件(F) 按钮，在下拉子菜单中单击 新建(N)... 按钮，在弹出的新建窗口设置的参数如图 1-182 所示。单击 确定 按钮关闭新建窗口。

（2）单击左边工具栏下方的按钮 ■[设置前（背）景色]，弹出拾色器（前景色）窗口，设置色彩参数，如图 1-183 所示。单击 确定 按钮关闭拾色器窗口，按键盘 Enter（回车）键，按组合快捷键 Alt+Delete 快速填充前景色，效果如图 1-184 所示。

（3）单击主菜单 文件(F) 按钮，在下拉子菜单中单击 置入(L)... 按钮，在弹出的置入窗口选择上一节保存的 box-uv.png 图像文件，单击 置入(P) （置入）按钮关闭置入窗口，置入 box-uv.png 图像后，图像窗口效果如图 1-185 所示。在图层面板中将图层"box-uv"重新命名为"UVkuang"（可以在图层原来名字 box-uv 上方双击激活命名框，再输入名字 UVkuang 即可），在图层面板中选择图层"UVkuang"（UV 线框），再单击图层面板 ■（锁定）按钮对其进行锁定。

（4）在工具栏中单击 ▶（移动工具）按钮激活移动工具，选择图层"背景"，再单击图层面板底下的 ■（创建新组）按钮，创建一个新组，命名为"box-top"。

（5）选择组"box-top"，单击左侧工具栏中的 ■（矩形选择工具）按钮，在图像窗口中选择如图 1-186 所示区域，在图层面板底下（PS 软件的右下角）单击 ●（创建新的填充或调整图层）按钮，在上拉的菜单中单击 纯色... （纯色）按钮，在弹出的拾色器（纯色）窗口中设置的参数如图 1-187 所示。单击 确定 （确定）按钮关闭窗口，创建一个新的填充图层，命名为"jinshu"（金属）。

（6）重复上一步在组"box-top"下再创建一名为"jinshu2"（金属 2）的填充图层。在图像窗口中选择的区域如图 1-188 所示；在拾色器窗口设置的参数如图 1-189 所示。

（7）重复步骤（5）在组"box-top"下再创建一个名为"mutou"（木头）的填充图层，在图像窗口中选择的区域如图 1-190 所示；在拾色器窗口设置的参数如图 1-191 所示。

（8）单击工具栏中的 ▼（多边形套索工具）按钮，在图像窗口中选择如图 1-192 所示区域，重复步骤（5），在组"box-top"下再创建一名为"mutou2"（木头 2）的填充图层，在拾色器窗口设置的参数如图 1-193 所示。

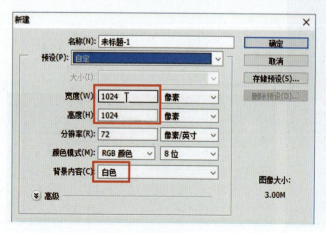

图 1-182

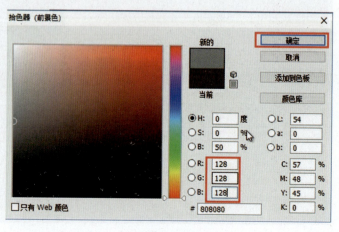

图 1-183

图 1-184

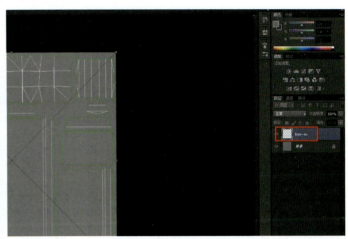

图 1-185

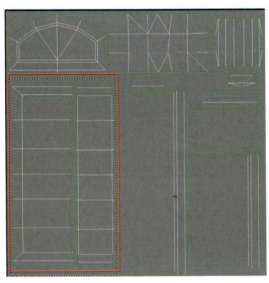

图 1-186

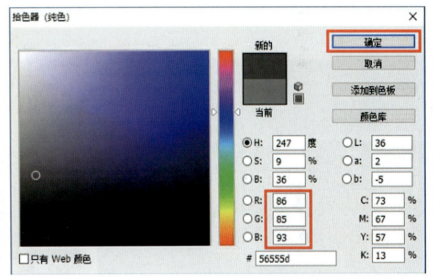

图 1-187

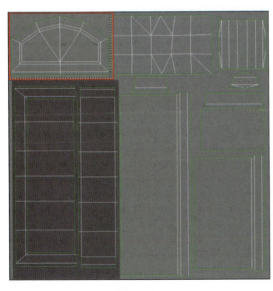

图 1-188

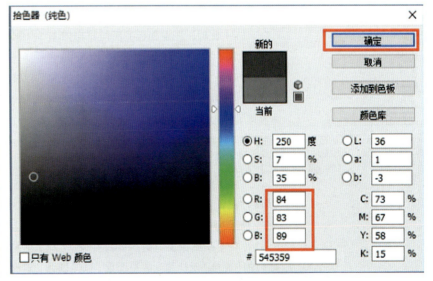

图 1-189

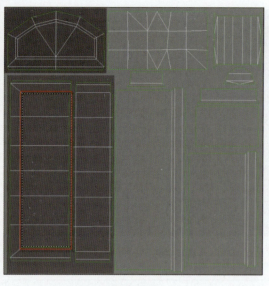

图 1-190　　　　　　　　　　　　　　　　图 1-191

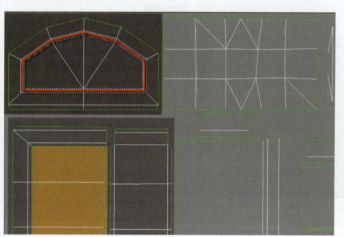

图 1-192　　　　　　　　　　　　　　　　图 1-193

（9）此时，图层面板的图层排布如图1-194所示，图像窗口如图1-195所示。

（10）在图层面板选择组"box-top"，单击工具栏中的 ▼（多边形套索工具）按钮，在图像窗口中选择如图1-196所示区域（选择时可以按键盘Shift键实现多选），在图层面板底下单击 ◎（创建新的填充或调整图层）按钮，在上拉的菜单中单击 亮度/对比度…（亮度/对比度）按钮，在弹出的（亮度/对比度）属性窗口中设置亮度值为"73"，如图1-197所示，单击 ▶（收起）按钮收起窗口，创建一个（亮度/对比度）调整图层，命名为"liangmian"（亮面），调整其图层顺序，使其在填充图层"jinshu"（金属）之上，如图1-198所示。

（11）选择填充图层"jinshu"（金属），再在图像窗口中选择图1-199所示区域，重复（10）步骤，在填充图层"jinshu"（金属）之上再添加名为"anmian"（暗面）的亮度/对比度调整图层，其（亮度/对比度）属性窗口亮度值为"-107"，设置如图1-200所示。

（12）在图像窗口选择如图1-201所示区域，重复（10）步骤，再添加名为"huimian"（灰面）的（亮度/对比度）调整图层，其（亮度/对比度）属性窗口亮度值为"-48"，设置如图1-202所示。

项目 1　游戏道具与制作——以宝箱为例

图 1-194

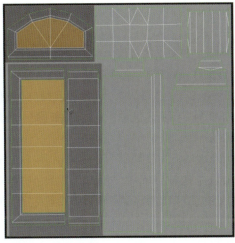

图 1-195

图 1-196

图 1-197

图 1-198

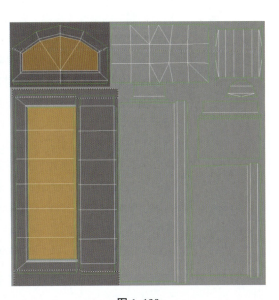

图 1-199

图 1-200

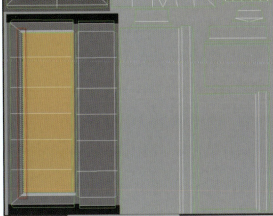

图 1-201

图 1-202

（13）选择调整图层"huimian"（"灰面"），选择如图1-203所示区域，单击 中的黑色块（蒙版），再按组合快捷键Alt+Delete快速填充前景色。

（14）按组合快捷键Ctrl+S，在弹出的存储为窗口中保存为box.psd文件，保存路径："手绘3D项目实战"项目资料→项目文件→项目1 游戏道具与制作→宝箱→maps。

（15）选择填充图层"jinshu2"（金属2），调整图层顺序如图1-204所示；选择调整图层"anmian"（暗面），选择如图1-205所示区域，单击 中的黑色块（蒙版），再按组合快捷键Alt+Delete快速填充前景色。

（16）选择调整图层"liangmian"（"亮面"），选择如图1-206所示区域，单击 中的黑色块（蒙版），再按组合快捷键Alt+Delete快速填充前景色；再双击 红色区域的图标"亮度/对比度"，在弹出的（亮度/对比度）属性窗口中设置亮度值为"90"，如图1-207所示，将亮度调整得更亮一些。

（17）选择调整图层"huimian"（"灰面"），选择如图1-208所示区域，单击 中的黑色块（蒙版），再按组合快捷键Alt+Delete快速填充前景色；单击图层"UVkuang"（UV线框）前方的 中的眼睛（隐藏/显示）开关，隐藏图层"UVkuang"后，图像窗口如图1-209所示，按组合快捷键Ctrl+S，保存box.psd文件。

（18）打开"手绘3D项目实战"项目资料→项目1 游戏道具与制作→宝箱→max中的box_uv1.max文件，单击工具栏中 打开"Material"（材质编辑器）选项框，选中物体"box-top"（箱盖），单击 按钮（将材质指定给选定对象），指定第一个名为box材质球赋予物体"box-top"，如图1-210所示。

（19）在"Material"（材质编辑器）中单击 后面的小方块，弹出"Material/Map Browser"（材质/贴图浏览器）窗口，单击"Bitmap"（位图）按钮，再单击 （确定）按钮后在弹出的"Select Bitmap Image File"（选择位图图像文件）窗口中选择box.psd文件，单击 （打开）按钮后，在弹出的"PSD Input Options"（PSD导入项目）窗口中的设置如图1-211所示。单击 按钮关闭窗口，为材质box的Diffuse（漫反射）赋予一张贴图box.psd，单击材质编辑器中的 （将材质指定给选择的对象）按钮，赋予物体bos-top（箱盖）材质box，效果如图1-212、图1-213所示。

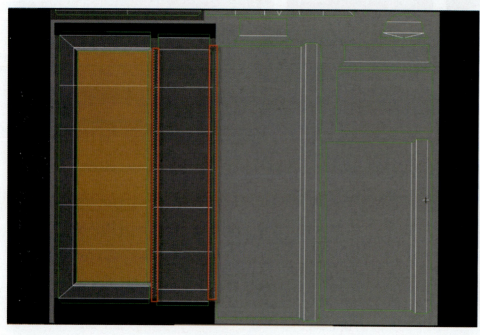

图1-203

图1-204

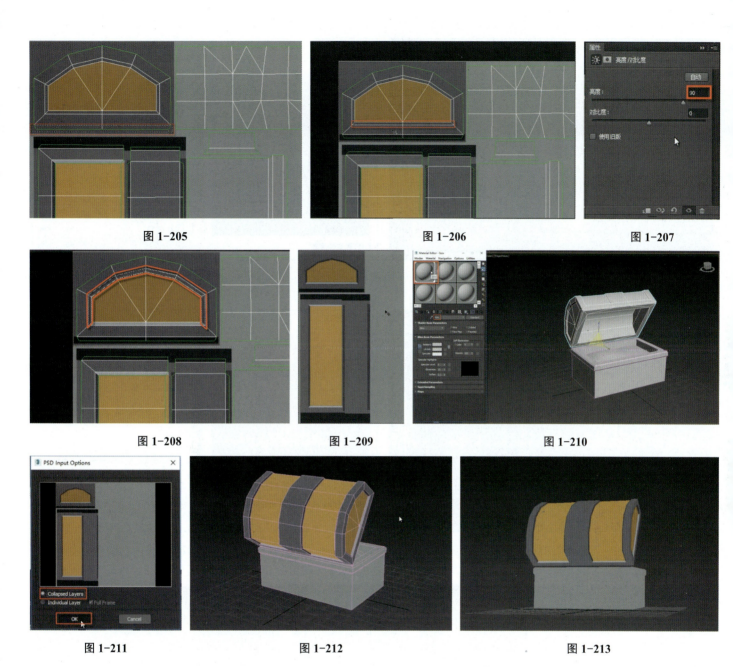

图 1-205　　　　　　　　　图 1-206　　　　　　　　　图 1-207

图 1-208　　　　　　　　　图 1-209　　　　　　　　　图 1-210

图 1-211　　　　　　　　　图 1-212　　　　　　　　　图 1-213

（20）切换到 PS 软件，选择填充图层"jinshu2"（金属 2），在图像窗口中选择如图 1-214 所示区域，在图层面板底下单击 ![] （创建新的填充或调整图层）按钮，在上拉的菜单中单击 ![纯色...] （纯色），在弹出的拾色器（纯色）窗口中设置参数，如图 1-215 所示，单击 ![确定] （确定）按钮关闭窗口，创建一个新填充图层，命名为"jinshu3"。

（21）选择填充图层"jinshu3"（金属 3），在图像窗口中选择如图 1-216 所示区域，重复上一步骤，创建一个名为"mutou3"（木头 3）的填充图层，拾色器（纯色）窗口中设置的参数如图 1-217 所示，调整填充图层"mutou3"排布顺序如图 1-218 所示。

（22）在图像窗口中选择如图 1-219 所示区域，在图层面板底下单击 ![] （创建新的填充或调整图层）按钮，在上拉的菜单中单击 ![亮度/对比度...] （亮度 / 对比度）按钮，在弹出的（亮度 / 对比度）属性窗口中设置亮度值为 43，如图 1-220 所示。之后，创建一个（亮度 / 对比度）调整图层，命名为"huimian2"（灰面 2）。按组合快捷键 Ctrl+S，保存 box.psd 文件，切换到 3ds Max 软件中，箱盖的效果如图 1-221 所示（3ds Max 和 PS 两软件须同时打开）。

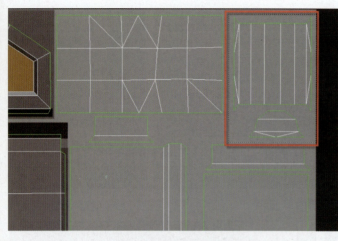

图 1-214

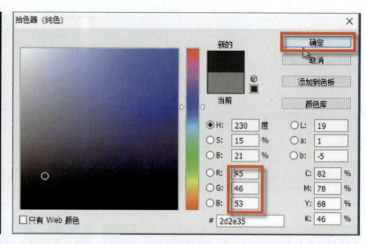

图 1-215

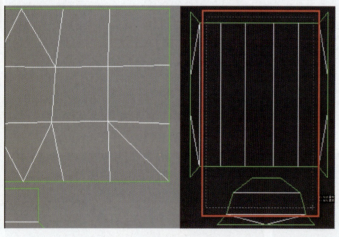

图 1-216

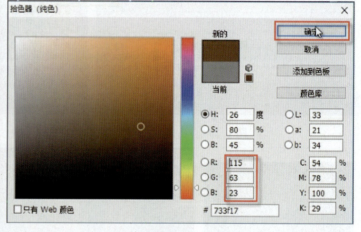

图 1-217

图 1-218　　图 1-219　　图 1-220

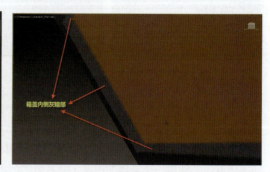

图 1-221

（23）切换到 PS 软件，在图层面板选择组"box-top"，单击图层面板底下的 ■（创建新组）按钮，创建一个新组，并重新命名为"mutou"（木头）；单击图层面板底下的 ■（创建新图层）按钮，创建一个图层，命名为"fengxi"（缝隙），图层排布如图 1-222 所示。

（24）选择图层"fengxi"（缝隙），选择如图 1-223 所示区域，单击左边工具栏下方的按钮 ■［设置前（背）景色］，弹出拾色器（前景色）窗口设置色彩参数，单击 确定 按钮关闭拾色器窗口，色彩参数如图 1-224 所示，再按组合快捷键 Alt+Delete 快速填充前景色。

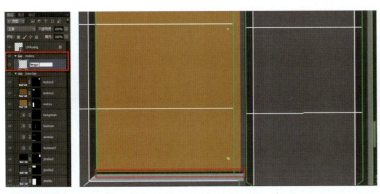 

图 1-222　　　　　　图 1-223　　　　　　　　　图 1-224

（25）按组合快捷键 Ctrl+Alt 快速复制选择区域，连续复制 7 次，然后单击工具栏中的 ▢（柜形选择工具）按钮，在图像窗口中框选刚才复制的 8 条色条中的一条，分别对其位置进行调整，调整后排布如图 1-225 所示。

（26）选择图层"fengxi"（缝隙），框选如图 1-226 所示的红色区域，在图层面板底下单击 ◐（创建新的填充或调整图层）按钮，在上拉的菜单中单击 亮度/对比度（亮度/对比度）按钮，在弹出的"亮度/对比度"属性窗口中设置亮度值为"-42"，如图 1-227 所示。创建一个（亮度/对比度）调整图层，命名为"mutouan"（木头暗）。

（27）同理框选如图 1-228 所示的红色区域，再创建一个亮度/对比度调整图层，命名为"mutouliang"（木头亮），其亮度值为"47"，如图 1-229 所示。

（28）按组合快捷键 Ctrl+S，保存 box.psd 文件，切换到 3ds Max 软件中，箱盖的效果如图 1-230 所示。

（29）切换到 PS 软件，为选区添加亮度/对比度调整图层，选区和亮度/对比度参数如图 1-231 所示，调整后效果如图 1-232 所示。

（30）同理，为图 1-233 所示红色区域，分别在图层"fengxi"上再添加两条缝隙，在调整图层"mutouliang"（木头亮）上再添加两条亮面，在调整图层"mutouan"（木头暗）上再添加两条暗面，其在 3ds Max 中的箱子侧面效果如图 1-234 所示。

（31）在图层面板选组"mutou"（木头），单击图层面板底下的 ▢（创建新组）按钮，再创建一个新组，并重新命名为"neibu"（内部）；单击图层面板底下的 ▢（创建新图层）按钮，创建一个图层，命名为"fengxi"（缝隙），如图 1-235 所示。

（32）选择组"neibu"（内部）下的图层"fengxi"，同理，在图像窗口中为图 1-236 所示红色区域添加多条暗色缝隙，其填充颜色参数设置如图 1-237 所示，其在 3ds Max 中的箱子内侧面效果如图 1-238 所示。

 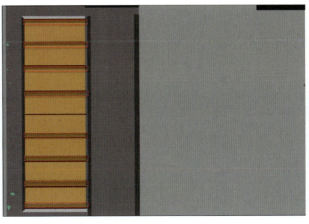

图 1-225　　　　　　　　　图 1-226　　　　　　　　　图 1-227

048 项目 1　游戏道具与制作——以宝箱为例

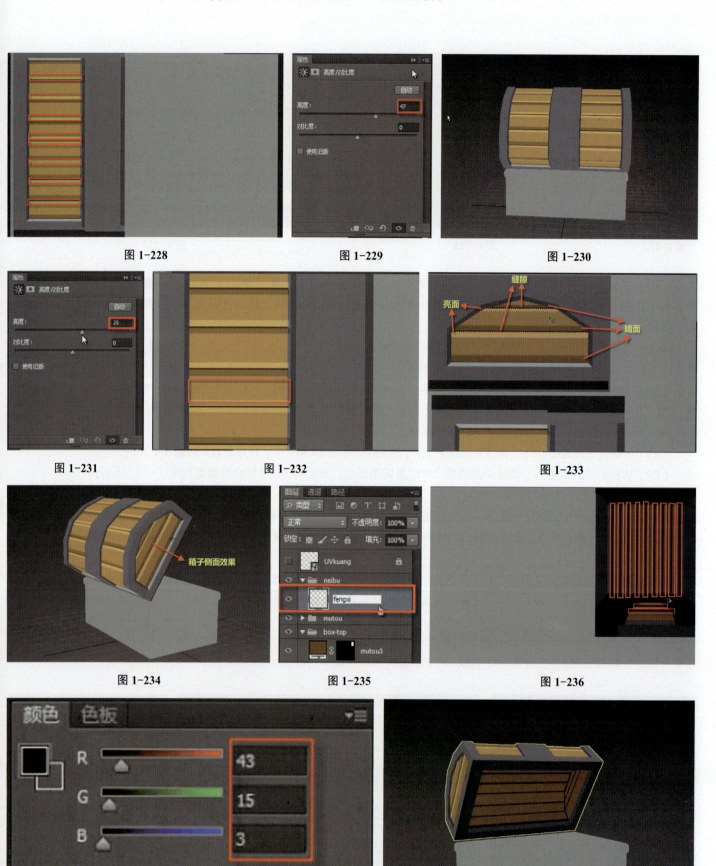

图 1-228　　　　　　　　图 1-229　　　　　　　　图 1-230

图 1-231　　　　　　　　图 1-232　　　　　　　　图 1-233

图 1-234　　　　　　　　图 1-235　　　　　　　　图 1-236

图 1-237　　　　　　　　　　　　　　　图 1-238

(33）调整图层面板中各组的顺序，将组"neibu"（内部）和组"mutou"（木头）置于组"box-top"（箱子盖）之下，如图1-239所示。

(34）在图层面板选择组"box-top"（箱子盖），单击图层面板底下的 ■（创建新组）按钮，创建一个新组，并重新命名为"box-bottom"（箱子底），在图像窗口中选择如图1-240所示红色区域，在图层面板底下单击 ●（创建新的填充或调整图层）按钮，在上拉的菜单中单击 纯色...（纯色），在弹出的拾色器（纯色）窗口中设置参数，如图1-241所示，单击 确定（确定）按钮关闭窗口，创建一个填充图层，命名为"jinshu"（金属），填充后效果如图1-242所示。

(35）选择填充图层"jinshu"（金属），同步骤（30）一样，在填充图层"jinshu"（金属）上分别添加3个（亮度/对比度）调整图层，其中，调整图层"jinshuan"（金属暗）的亮度/对比度属性设置如图1-243所示，调整图层"hui"（金属灰）的亮度/对比度属性设置如图1-244所示，调整图层"liang"（金属亮）的亮度/对比度属性设置如图1-245所示，在图像窗口中调整的区域及最后的效果如图1-246所示，此时的图层面板中各图层的排布如图1-247所示，切换到3ds Max软件中，箱底的效果如图1-248所示。

(36）切换回PS软件，选择组"box-bottom"（箱底），选择如图1-249所示区域，继续在其下添加填充图层"mutou"（木头），其拾色器（纯色）窗口中颜色设置为R166、G102、B38，填充后切换到3ds Max软件中，箱底的效果如图1-250所示。

(37）再次切换回PS软件，选择组"box-bottom"（箱底），继续在其下添加图层"fengxi"（缝隙），其填充颜色如图1-251所示，填充后效果如图1-252所示。

 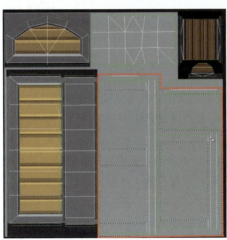 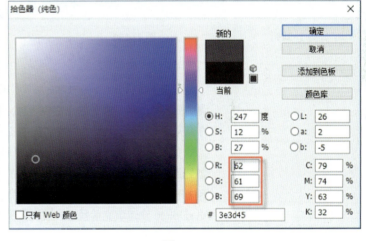

图 1-239　　　　　　图 1-240　　　　　　图 1-241

图 1-242　　　　图 1-243　　　　图 1-244　　　　图 1-245

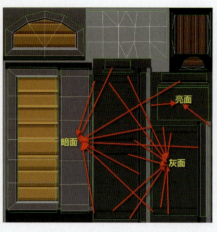
图 1-246

图 1-247

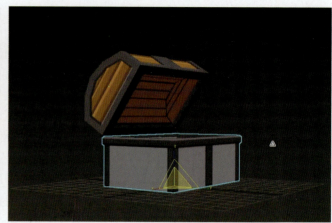
图 1-248

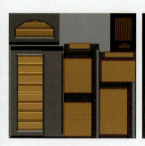
图 1-249

图 1-250

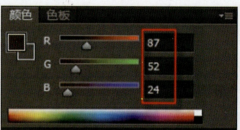
图 1-251

图 1-252

（38）选择组"box-bottom"（箱底），继续在其下添加两个亮度/对比度调整图层，其中，调整图层"an"（暗）的（亮度/对比度）属性设置如图 1-253 所示，调整图层"liang1"（亮1）的（亮度/对比度）属性设置如图 1-254 所示，调整区域后的效果如图 1-255 所示。

（39）选择组"box-bottom"（箱底），单击图层面板底下的 ■（创建新图层）按钮，创建一个图层，命名为"dibu"（底部），在工具栏中单击 ■（矩形选择工具）按钮，选择如图 1-256 所示中区域，再单击工具栏中 ■（吸管）工具，吸取图 1-256 所示中区域的颜色，再按组合快捷键 Alt+Delete 快速填充前景色，填充效果如图 1-257 所示。

（40）选择如图 1-258 所示区域，按组合快捷键 Ctrl+T（自由变换），对选择区域色块进行适当缩放和位置调整，调整后，在 3ds Max 中的效果如图 1-259 所示。

【实战小技巧】这在选择区域和填充色块操作过程中，最好是 PS 和 3ds Max 两软件同时打开，反复在两软件中察看填充区域的准确性及填充后的色彩效果，可以极大地提高贴图制作效率。

（41）选择组"box-bottom"（箱底），单击 ■（创建新图层）按钮，创建一个图层，命名为"dibumutou"（底部木头），选择如图 1-260 所示的区域，再按组合快捷键 Alt+Delete 快速填充前景色，填充颜色参数设置如图 1-261 所示。填充后，在 3ds Max 中的底部效果如图 1-262 所示（将底部颜色调整得更深一点）。

（42）选择组"box-bottom"（箱底），单击图层面板中 ■ box-bottom 组"box-bottom"前面的小三角按钮，关闭组"box-bottom"展开状态，再单击 ■（创建新图层）按钮，在组"box-bottom"之上创建一个图层，命名为"jinbi"（金币）。

【实战小技巧】在选中图层面板组状态，组前面的小三角按钮为打开状态，则创建新图层时，新图层会创建在组里面；小三角按钮在关闭状态下，则创建的新图层会在组外上方。

图 1-253

图 1-254

图 1-255
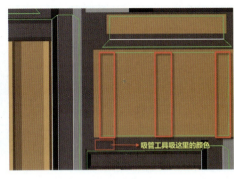
图 1-256

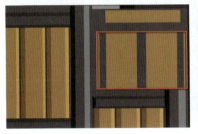
图 1-257

图 1-258

图 1-259

图 1-260

图 1-261

图 1-262

（43）选择如图 1-263 所示区域，单击工具栏 [设置前（背）景色] 按钮，弹出拾色器（前景色）窗口设置色彩参数，单击 按钮，关闭拾色器窗口，色彩参数设置如图 1-264 所示，再按组合快捷键 Alt+Delete 快速填充前景色。

（44）选择调整图层"jinshuan"（金属暗），选择如图 1-265 所示区域，再按组合快捷键 Alt+Delete 快速填充前景色。

（45）选择组"box-bottom"（箱底），单击 （创建新图层）按钮，创建一个图层，命名为"fengxi"。选择如图 1-266 所示区域，再单击工具栏中 （吸管）工具，吸取图像中的缝隙颜色，再按组合快捷键 Alt+Delete 快速填充前景色，箱底在 3ds Max 中的效果如图 1-267 所示。

（46）选择组"box-bottom"（箱底），单击 （创建新组）按钮，创建一个新组，并重新命名为"jinshu"（金属），调整组"box-top"（箱盖）下 3 个子组及子图层顺序，调整后各组的图层及顺序如图 1-268 至图 1-270 所示。

图 1-263

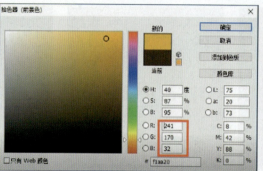
图 1-264

图 1-265

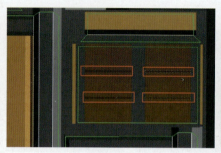
图 1-266

图 1-267

图 1-268

图 1-269

图 1-270

（47）按组合快捷键Ctrl+S，保存box.psd文件，贴图效果如图1-271所示，切换到3ds Max软件中，宝箱的效果如图1-272所示。

（48）选择图层"jinbi"（金币），单击 ▢（创建新组）按钮，创建一个新组，命名为"Djianbian"（大渐变），单击 ▢（创建新图层）按钮，创建一个图层，命名为"mutou"（木头），选择如图1-273所示区域，单击工具栏中 ▢（渐变）按钮，再单击状态栏中 ▬（编辑渐变）按钮中的颜色条部分，弹出的渐变编辑器的设置如图1-273所示，在所选区域按住快捷键Shift下拉竖直线，填充渐变色效果如图1-274所示，设置图层"mutou"（木头）的不透明度值为30，图层混合模式为"叠加"，设置后效果如图1-275所示。

（49）在图层面板中打开组"box-top"下的子组"jinshu"，按住快捷键Ctrl的同时单击子组"jinshu"下的填充图层"jinshu" ▬（蒙版）区域，载入填充图层"jinshu"的选区，再选择组"Djianbian"下的图层"jinshu"，单击工具栏中 ▢（渐变）按钮，再单击状态栏中 ▬（编辑渐变）按钮中的颜色条部分，在弹出的渐变编辑器中设置如图1-276所示。在所选区域按住快捷键Shift下拉竖直线，填充渐变色效果如图1-277所示，设置图层"mutou"（木头）的不透明度值为50，图层混合模式为"叠加"，设置后效果如图1-278所示。

（50）选择组"Djianbian"下的图层"jinshu"，同理为如图1-279所示区域填充渐变色，填充后效果如图1-279所示，渐变编辑器中色条设置如图1-280所示。

图 1-271

图 1-272

图 1-273

图 1-274

图 1-275

图 1-276

图 1-277

图 1-278

图 1-279

（51）选择组"Djianbian"，单击图层面板底下的 ■（创建新组）按钮，创建一个新组，命名为"Xjianbian"（小渐变），单击图层面板底下的 ■（创建新图层）按钮，创建一个图层，命名为"mutou"（木头），选择如图 1-281 所示区域，为其填充木头四周的小渐变，渐变编辑器中色条设置如图 1-282 所示，设置图层"mutou"（木头）的不透明度值为 50，图层混合模式为"正片叠底"，设置后效果如图 1-283 所示。

（52）单击图层"mutou"（木头） ■ mutou 红色区域，载入步骤（5）填充的选区，按组合快捷键 Ctrl+Alt 快速复制当前选区，再按组合快捷键 Ctrl+T 对选区进行自由变换，鼠标右键单击选区，在弹出的列表中选择水平翻转，调整刚才复制的渐变色的位置至右侧后，再复制两条步骤（5）的渐变色，进行旋转后分别放置在图 1-284 所示区域。

（53）单击 ■（创建新图层）按钮，创建一个图层，命名为"fengxi"（缝隙），同理，和步骤（49）一样载入如图 1-285 所示选区，执行主菜单 编辑(E) （编辑）命令，在下拉子菜单中单击"描边（S）"按钮，在弹出的描边窗口中设置宽度（W）值为 3 像素，单击 确定 按钮关闭描边窗口，描边效果如图 1-286 所示，执行主菜单 滤镜(T) （滤镜）命令，在下拉子菜单中单击"模糊"右侧小三角 ▶ 按钮，在弹出的右侧下拉列表中选择"高斯模糊"，在弹出的高斯模糊窗口中设置模糊半径为 5 像素，最后效果如图 1-287 所示。

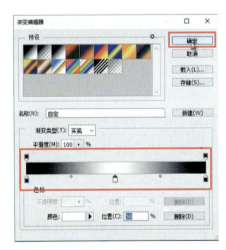
图 1-280

054 项目1 游戏道具与制作——以宝箱为例

图 1-281

图 1-282

图 1-283

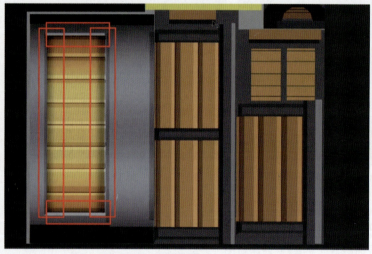

图 1-284

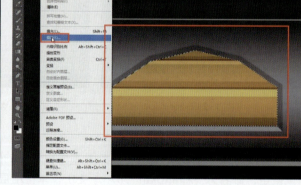

图 1-285

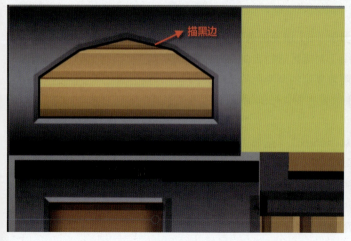

图 1-286

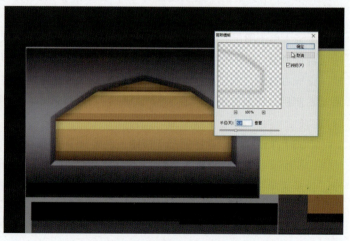

图 1-287

（54）选择如图 1-288 所示红色区域中图层"fengxi"（箱盖上的缝隙细线图层），将其拖入图层面板最下方的 （创建新图层）按钮上，复制一个名为"fengxi 副本"的图层，调整其图层顺序如图 1-288 所示。

（55）选择图层"fengxi 副本"，执行主菜单 编辑(E) （编辑）命令，在下拉子菜单中单击"描边（S）"按钮，在弹出的描边窗口中设置宽度（W）值为 3 像素，单击 确定 按钮，关闭描边窗口，描边效果如图 1-289 所示，执行主菜单 滤镜(T) （滤镜）命令，在下拉子菜单中单击"模糊"右侧小三角▶按钮，在弹出的右侧下拉列表中选择"高斯模糊"，在弹出的高斯模糊窗口中设置模糊半径为 5 像素，模糊效果如图 1-290 所示。

（56）此时的图像窗口贴图如图 1-291 所示，在 3ds Max 中的箱盖效果如图 1-292 所示。

（57）同理，对箱子下部"box-bottom"也进行与箱盖"box-top"同样的操作，对大面进行填充渐变色，并设置其相应的图层混合模式和不透明度，对小面积的缝隙进行描边后再进行高斯模糊操作，具体过程及效果如图 1-293 至图 1-314 所示。具体参数详见网盘资料，路径："手绘 3D 项目实战"项目资料→视频教程→项目 1　游戏道具与制作→宝箱→宝箱贴图 2.mp4。

图 1-288

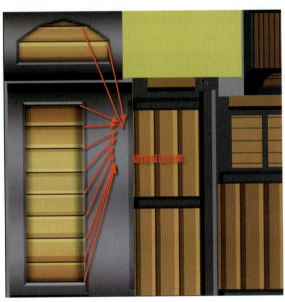
图 1-289

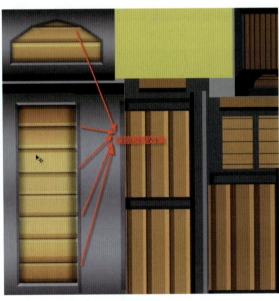
图 1-290

图 1-291

图 1-292

图 1-293

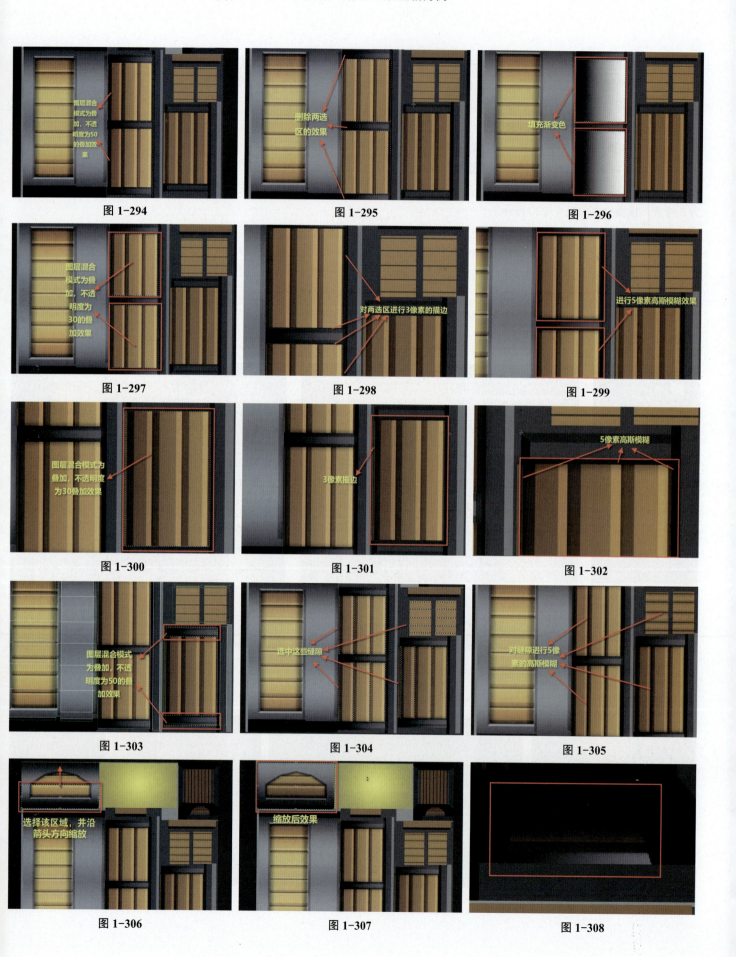

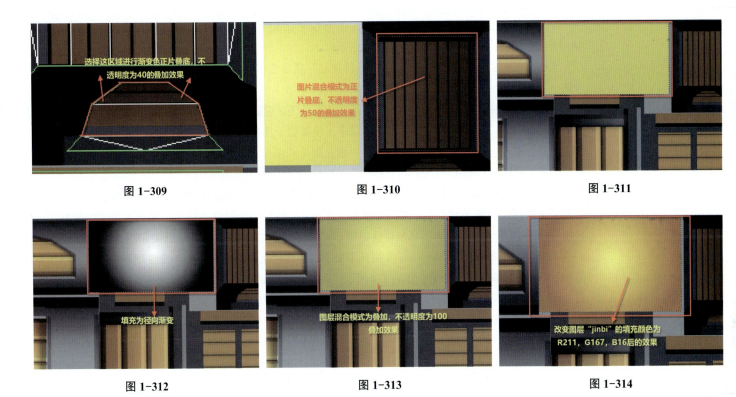

图 1-309　　　　　　　　　图 1-310　　　　　　　　　图 1-311

图 1-312　　　　　　　　　图 1-313　　　　　　　　　图 1-314

（58）图层面板中各图层排布顺序，如图 1-315 至图 1-317 所示。

图 1-315　　　　　　　　　图 1-316　　　　　　　　　图 1-317

(59）按组合快捷键 Shift+Ctrl+S，保存为 box1.psd 文件，贴图效果如图 1-318 所示，切换到 3ds Max 软件中，宝箱的效果如图 1-319 所示。

(60）在 PS 软件中打开"手绘 3D 项目实战"项目资料→项目文件→项目 1　游戏道具与制作→宝箱→maps→box2-1.psd 文件。

(61）选择图层"UVkuang"，单击图层面板底下的 ■（创建新组）按钮，创建一个新组，命名为"gaoguang"，调整组"gaoguang"顺序，使其位于图层"UVkuang"下方，单击 ●（创建新的填充或调整图层）按钮，创建一个纯白色的填充层（该图层为此组各调整图层的基色），单击 ■（创建新图层）按钮，再创建一个图层，命名为"GGjianbian"（高光渐变）。

(62）选择图层"GGjianbian"（高光渐变），选择如图 1-320 所示红色区域，单击工具栏中 ■（渐变）按钮，再单击状态栏中 ■■■（编辑渐变）按钮中的颜色条部分，弹出的渐变编辑器中设置如图 1-321 所示，在所选区域按住快捷键 Shift 下拉竖直线，填充渐变色效果如图 1-322 所示。

(63）选择图层"GGjianbian"（高光渐变），操作同上一步，在如图 1-323 所示的选择区域填充渐变色，其渐变编辑器中设置如图 1-324 所示，图层不透明度为 80，效果如图 1-325 所示。此时，箱盖在 3ds Max 中的显示效果如图 1-326 所示，删除内侧多余的高光后显示效果如图 1-327 所示。

(64）选择图层"GGjianbian"（高光渐变），单击工具栏中 ■（矩形选择工具）按钮，框选如图 1-328 所示区域，单击工具栏中 ■（渐变）按钮，运用如图 1-324 所示的渐变样式，在所选区域按住快捷键 Shift 下拉竖直线，填充渐变色效果如图 1-329 所示，按组合快捷键 Ctrl+Alt 快速复制两次当前选区，分别框选刚才复制的两条细高光，放置在如图 1-330 所示位置，在 3ds Max 中，细高光效果如图 1-331 所示。

(65）选择图层"GGjianbian"（高光渐变），单击图层面板底下的 ■（创建新图层）按钮，创建一个图层，命名为"hexingGG"（内侧细高光），选择如图 1-332 至图 1-334 所示 3 个区域，单击工具栏中 ■（吸管）工具，吸取图像窗口中的白色（颜色参数如图 1-335 所示），再按组合快捷键 Alt+Delete 快速填充，效果如图 1-336 所示。切换到 3ds Max 软件中，显示效果如图 1-337 所示。

图 1-318

图 1-319

图 1-320

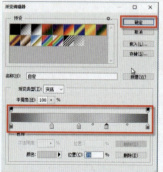
图 1-321

图 1-322

图 1-323

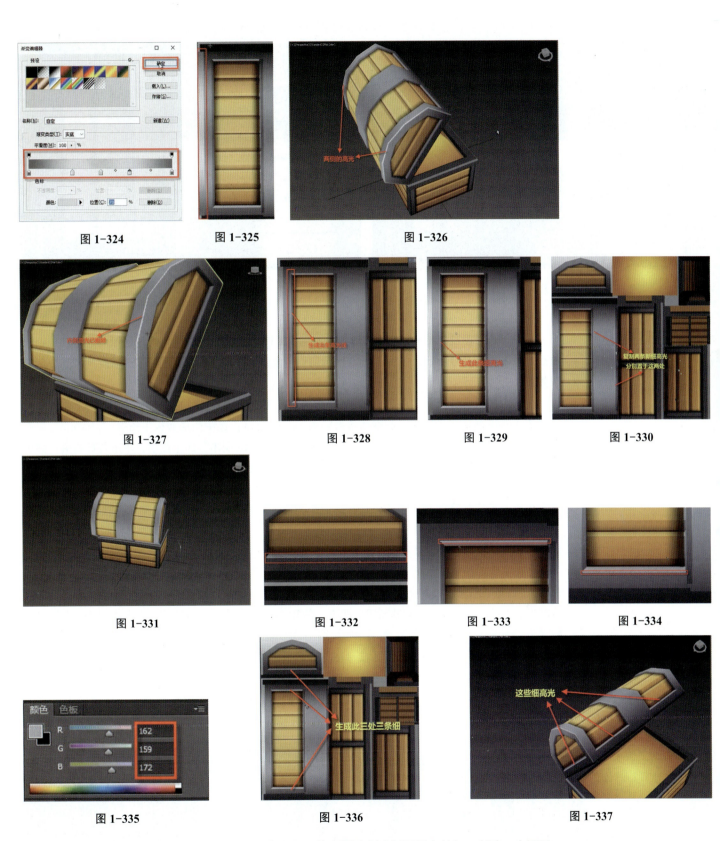

图 1-324　　图 1-325　　图 1-326

图 1-327　　图 1-328　　图 1-329　　图 1-330

图 1-331　　图 1-332　　图 1-333　　图 1-334

图 1-335　　图 1-336　　图 1-337

（66）选择图层"hexingGG"（内侧细高光），单击 ■（创建新图层）按钮，创建一个图层，命名为"zhengti"（整体金属高光），选择如图 1-338 所示区域，单击主菜单 滤镜 （滤镜），在下拉子菜单中单击"模糊"右侧小三角 ▶ 按钮，在弹出的右侧下拉列表中选择"高斯模糊"，在弹出的高斯模糊窗口中设置模糊半径为 8 像素，最后效果如图 1-339 所示。

图 1-338

图 1-339

（67）选择图层"zhengti"（整体金属高光），按组合快捷键 Ctrl+T 对图层纵向进行缩放，缩放后效果如图 1-340 所示，将图 1-340 所示两侧多余的部分删除，调整图层不透明度为"50"后效果如图 1-341 所示。

（68）按组合快捷键 Ctrl+Alt 快速复制 3 次当前图层，将其分别放置于图 1-342 所示位置，并删除图 1-342 所示多余部分，删除后效果如图 1-343 所示，选中图层面板中图层"zhengti"、图层"zhengti 副本"、图层"zhengti 副本"和图层"zhengti 副本"四个图层，单击鼠标右键，弹出菜单，执行合并图层命令，将 4 个图层合并，并命名为"zhengti"。

（69）同理，按照步骤（66）～（68），再制作出 4 条高光渐变色，其图层不透明度为"60"，并且放置于前四处宽的高光中间，选择这四个图层，单击鼠标右键，弹出菜单，执行合并图层命令，将 4 个图层合并，并命名为"liang"（亮），和原 4 条宽的高光叠加后效果如图 1-344 所示。切换到 3ds Max 软件中，显示效果如图 1-345 所示。

（70）选择图层"liang"（亮），单击图层面板底下的 ▭ （创建新组）按钮，创建一个新组，命名为"jinshuGG"（金属高光），选择组"gaoguang"下所有图层，全部移入新建子组"jinshuGG"（金属高光）之中，再单击 ▭ （创建新组）按钮，在组"jinshuGG"（金属高光）之上再创建一个新组，命名为"mutouGG"（木头），图层排布如图 1-346 所示。

（71）选择如图 1-347 所示区域，在图层面板中单击 ◐ （创建新的填充或调整图层）按钮，在上拉的菜单中单击 亮度/对比度... （亮度/对比度）按钮，在弹出的"亮度/对比度"属性窗口中设置参数如图 1-348 所示，创建亮度/对比度调整图层，命名为"liang"（亮），效果如图 1-349 所示。

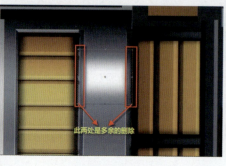
图 1-340

图 1-341

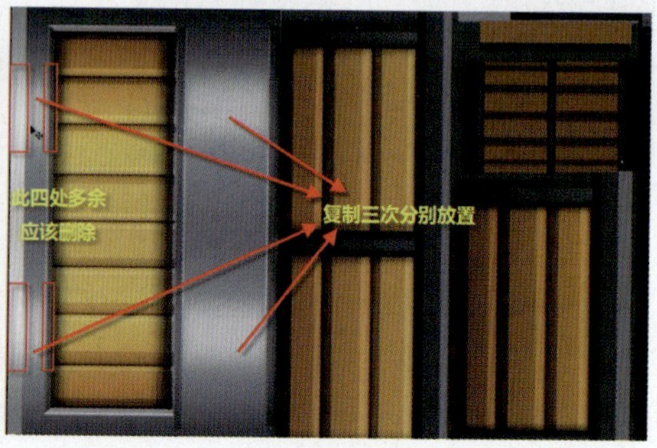

图 1-342

图 1-343

图 1-344

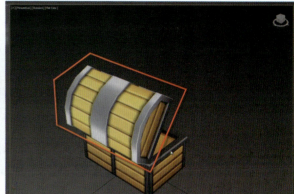
图 1-345

图 1-346

图 1-347

图 1-348

图 1-349

（72）选择如图 1-350 所示的区域，再选择组"mutouGG"（木头）下的调整图层"liang"（亮），接着按组合快捷键 Alt+Delete 快速填充前景色，效果如图 1-351 所示。

（73）选择如图 1-352、图 1-353 所示的区域，再选择调整图层"liang"（亮），接着按组合快捷键 Alt+Delete 快速填充前景色，效果如图 1-354 所示。

（74）打开组"jinshuGG"，单击 ■（创建新图层）按钮，创建一个图层，命名为"dibuGG"（底部高光），分别选择如图 1-355 所示两处选区，分别运用工具栏中 ■（渐变）工具进行填充渐变色，填充效果如图 1-356 所示。此时，3ds Max 场景中宝箱效果如图 1-357 所示。

（75）同理，对箱子其他部分进行同样的操作，对箱子下部的金属边缘添加金属高光，对箱盖内侧木头添加木头高光，对箱盖内侧金属添加金属高光，对金币再次添加高光，对大面进行填充渐变色，并设置其相应的图层混合模式和不透明度，对小面积的边角进行填充后再进行模糊操作，具体过程及效果如图 1-358 至图 1-374 所示，具体参数及图层顺序详见网盘资料，路径："手绘 3D 项目实战"项目资料→视频教程→项目 1　游戏道具与制作→宝箱→宝箱贴图 3.mp4。

（76）按组合快捷键 Ctrl+S，保存 box2-1.psd 文件，贴图效果如图 1-375 所示，切换到 3ds Max 软件中，宝箱的效果如图 1-376 所示。

（77）选择图层"UVkuang"，单击图层面板底下的 ■（创建新组）按钮，创建一个新组，并重新命名为"caizhi"（材质），调整组的顺序使其位于图层"UVkuang"下方，再单击图层面板底下的 ■（创建新图层）按钮，创建一个新图层，命名为"mutoucai"（木头材质）。

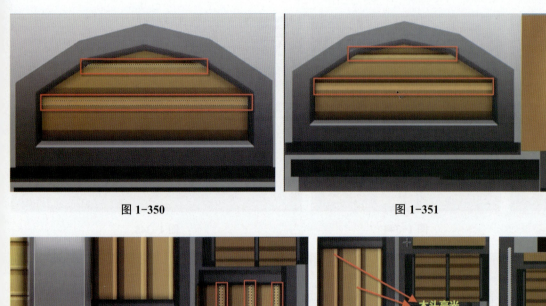

图 1-350　　　　　　　　　图 1-351　　　　　　　　　图 1-352

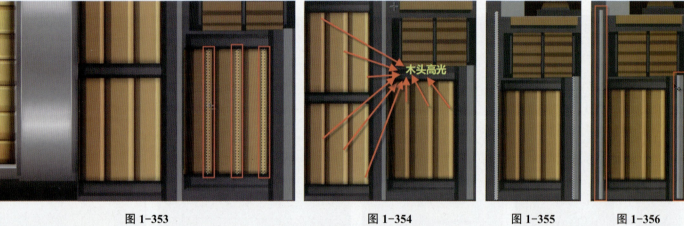

图 1-353　　　　　图 1-354　　　　　图 1-355　　　　　图 1-356

图 1-357

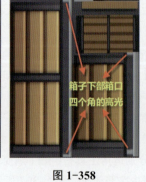
图 1-358

图 1-359

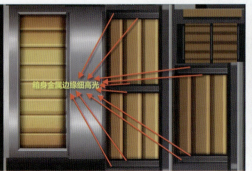
图 1-360

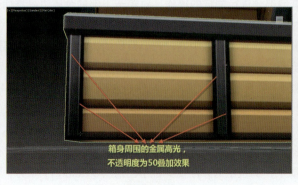
图 1-361　　　　　　　　　图 1-362

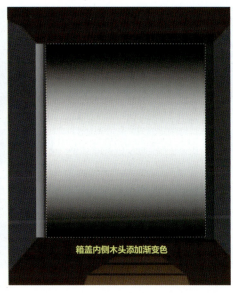
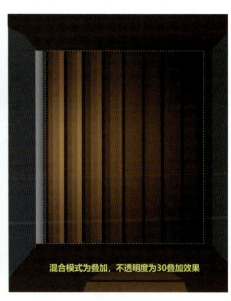

图 1-363　　　　　　　　　图 1-364　　　　　　　　　图 1-365

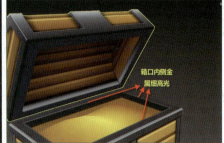

图 1-366　　　　　　　　　图 1-367　　　　　　　　　图 1-368

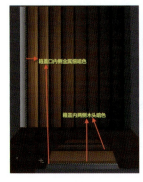
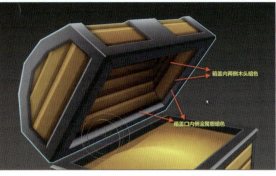

图 1-369　　　　　　　　　图 1-370　　　　　　　　　图 1-371

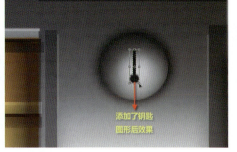

图 1-372　　　　　　　　　图 1-373　　　　　　　　　图 1-374

图 1-375

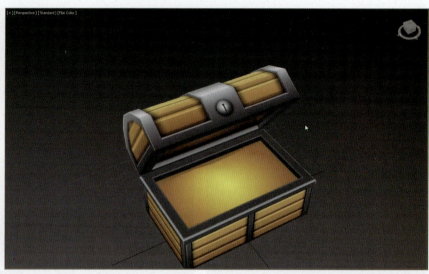
图 1-376

（78）单击工具栏中的 ◢（画笔工具）按钮，在图像窗口按住快捷键 Alt 可以吸取各层图形的颜色，在如图 1-376 所示区域中绘画出箱子两外侧的木头木纹纹理，以及有纹理后的扭曲的高光，绘制前效果如图 1-377 所示，绘制后效果如图 1-378 所示。

（79）反复地运用画笔和吸管工具相结合的方法绘制其他区域的木头纹理，绘制后效果如图 1-379 所示。

（80）具体绘制过程详见网盘资料视频教程，教程路径："手绘 3D 项目实战"项目资料→视频教程→项目 1　游戏道具与制作→宝箱→宝箱贴图 4.mp4。

（81）切换到 3ds Max 软件，宝箱的效果如图 1-380 所示，按组合快捷键 Ctrl+S，保存 box2-1.psd 文件。

（82）进一步对木头纹理进行细致刻画，最终木头纹理贴图效果如图 1-381 所示，绘制过程详见网盘视频教程"箱子贴图制作 5.mp4"。

（83）选择组"caizhi"（材质），单击图层面板底下的 ◰（创建新图层）按钮，创建一个新图层，命名为"jinshu"（金属），选择如图 1-382 所示的区域，在图层面板底下单击 ◳（添加矢量蒙版）按钮，为图层添加矢量蒙版。按住快捷键 Ctrl，同时单击图层"jinshu" ▮▮jinshu 后的小黑块载入蒙版选区，然后运用画笔绘制金属高光，绘制后效果如图 1-383 所示。

（84）反复运用画笔和吸管工具相结合的方法绘制其他区域的金属纹理，绘制过程中选区可以充分利用各金属调整图层及填充图层中蒙版载入，可以起到事半功倍的效果，绘制前效果如图 1-381 所示，绘制后效果如图 1-384 所示，在 3ds Max 软件中，宝箱效果如图 1-385 所示。

（85）具体绘制过程详见网盘资料视频教程，教程路径："手绘 3D 项目实战"项目资料→视频教程→项目 1　游戏道具与制作→宝箱→宝箱贴图 5.mp4。

（86）单击图层面板底下的 ▣（创建新组）按钮，创建一个新组，命名为"xijie"（细节）；单击 ◰（创建新图层）按钮，创建一个新图层，命名为"posun"（破损），直接运用画笔绘制金属破损形状，绘制后效果如图 1-386 所示。

（87）反复地运用画笔和吸管工具相结合的方法绘制其他区域的金属破损纹理，绘制前效果如图 1-383 所示，绘制后效果如图 1-387 所示，在 3ds Max 软件中，宝箱的效果如图 1-388、图 1-389 所示。

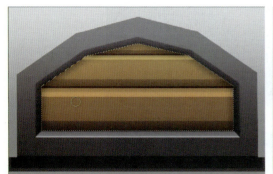
图 1-377

图 1-378

图 1-379

图 1-380

图 1-381

图 1-382

图 1-383

图 1-384

图 1-385

图 1-386

图 1-387

图 1-388

图 1-389

（88）具体绘制过程详见网盘资料视频教程，教程路径："手绘 3D 项目实战"项目资料→视频教程→项目 1　游戏道具与制作→宝箱→宝箱贴图 6.mp4。按组合快捷键 Ctrl+S，保存 box2-1.psd 文件（文件路径："手绘 3D 项目实战"项目资料→项目文件→项目 1　游戏道具与制作→宝箱→maps → box2-1.psd）。

拓展案例：巨剑制作

本案例将完整详细地讲解手绘武器道具的制作方法、绘制技巧及制作流程。其包括以下几个方面的内容，具体内容可扫码查看。

（一）巨剑模型制作

（二）设置光滑组

（三）巨剑 UV 展开

（四）巨剑贴图制作

（一）巨剑模型制作　　（二）设置光滑组　　（三）巨剑 UV 展开　　（四）巨剑贴图制作

 思考训练 ··

根据本项目所学 3ds Max 软件知识、建模常用快捷键、PS 贴图绘制技巧等内容，构思并制作一个盾牌案例。（玩游戏容易，但做游戏难，养成课后及时训练的习惯能达到事半功倍的效果）

要求：1. 明确作品美术风格。

2. 建模要求规范布线，无多余的点、线、面及重合线、重叠面。

3. 按游戏企业规范平整展开 UV，绘制精细贴图。

PROJECT TWO

项目 2 游戏场景与制作——以场景建筑为例

项目导入

游戏场景主要由场景建筑及场景环境等组成,其中最为重要的是场景建筑。在一款游戏中,场景建筑往往反映了游戏的时代背景及风格,而场景环境又在场景中起着非常重要的烘托气氛的作用。因此,游戏场景直接影响游戏玩家的体感,也是一款游戏设计的重点。本项目通过"场景建筑"案例完整详细地讲解了手绘游戏场景建筑的制作方法、绘制技巧及制作流程。此外,还通过拓展案例"场景环境"完整详细地讲解了手绘游戏场景环境的制作方法、绘制技巧及制作流程。

游戏场景中建筑模型属于虚拟建筑,但也需要参考现实中的建筑风格进行设计。建筑风格是体现世界观的一种方式,如豪放宏伟类型的建筑、复古斑驳的建筑和魔幻神秘的建筑等。对场景模型进行美术设定时常常会借鉴现实中的不同风格的建筑元素。本案例设定美术风格为古风建筑,以木结构为主,使用木框架构建主体,木墙填充,设置篱笆、山体等装饰。从整体来看,场景由上、中、下三部分组成,上为屋顶,中间为房屋主体,下为山体,结构紧凑,风格清爽。

学习目标

通过本项目的学习,掌握游戏建模、展开 UV 及绘制贴图等技能,激发对我国传统建筑的民族自豪感,具备规范操作,爱岗敬业,勤苦钻研的职业素养。

2.1 建筑模型制作

(1)双击桌面图标 运行 3dx Max2018 软件,执行主菜单"File → Save"命令,在弹出的储存文件窗口"File name"中输入"fangzi",单击"save"按钮关闭窗口,保存为"fangzi.max"文件。在右侧命令面板中执行 (创建)→ (几何体)→ Box (长方体)命令,在"Perspective"(透视图)中拖动鼠标,创建如图 2-1 所示的长方体,单击命令面板中的 (修改)按钮进入"Modify"(修改)面板,将其命名为"dimian"。

(2)在"Modify"(修改)面板"Parameters"(参数)卷展栏中修改长方体的"Length""Width""Height"(长、宽、高)参数分别为 105、90、5,如图 2-2 所示。

(3)单击工具栏中 (材质编辑器),再单击 (将材质指定给选定对象)指定给选择的物体"dimian",并将材质命名为 dimain,如图 2-3 所示。

(4)在物体"dimian"上方单击鼠标右键,弹出快捷菜单,单击"Convert To"(转换为)下的"Convert To Editable Poly"(转换为可编辑多边形)按钮,将模型转化为可编辑的多边形物体,如图2-4所示。

(5)按快捷键W切换到"Move"(移动)模式,在视图下方信息提示区与状态栏中修改长方体的"position"(位置)参数分别为"0""0""0"使其位于世界坐标中心,如图2-5所示。

(6)在"Modify"(修改)面板中激活"Polygon"(多边形)子级别,在透视图中选择如图2-6所示的面,单击 Bevel (挤出)右侧的小按钮,在弹窗中设置参数,设置完后单击 (确认)按钮,设置参数及效果如图2-6所示。

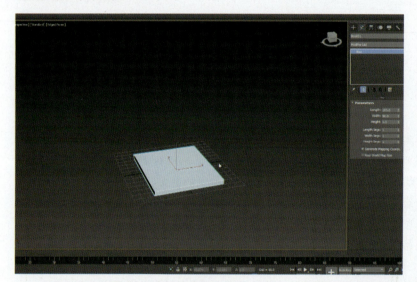

图 2-1

图 2-2

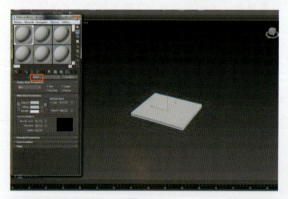

图 2-3

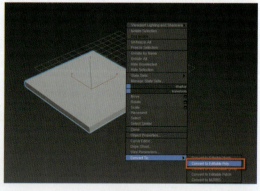

图 2-4

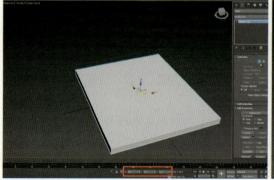

图 2-5

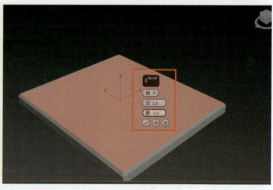

图 2-6

(7)继续单击 Extrude ▫（挤出）右侧的小按钮，在"Extrude Polygons"（挤出多边形）弹窗中设置参数，如图 2-7 所示。设置完成后关闭窗口，效果如图 2-7 所示。

(8)框选物体"dimian"上面四面，在"Modify"（修改）面板"Edit Polygons"（编辑多边形）栏中单击 Detach 按钮，在"Detach"（分离）弹窗中设置分离的多边形，并命名为"qiangbi"，如图 2-8 所示。设置完后关闭窗口。

(9)在"Modify"（修改）面板中激活"Border"（边界）子级别，在透视图中选择物体"dimian"如图 2-9 所示的边界，在"Edit Borders"（编辑边界）栏中单击 Cap （封盖）按钮，将物体上边界封盖。封盖后效果如图 2-10 所示。

(10)选择物体"qiangbi"，在"Modify"（修改）面板中激活"Polygon"（多边形）子级别，在透视图中选择如图 2-11 所示的面，单击 Bevel ▫（挤出）右侧的小按钮，在弹窗中设置参数，设置完后单击 ✓（确认）按钮，设置参数及效果如图 2-11 所示。

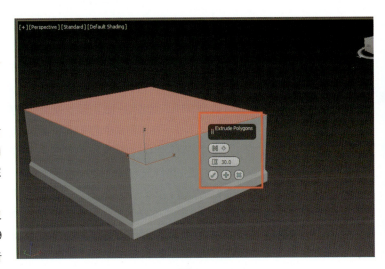

图 2-7

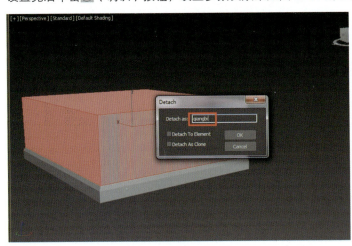

图 2-8

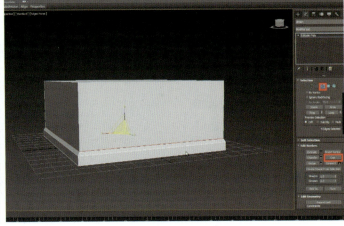

图 2-9

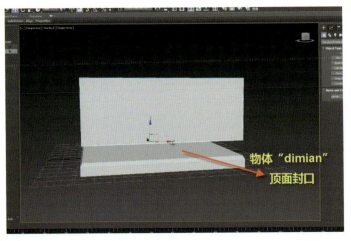

图 2-10

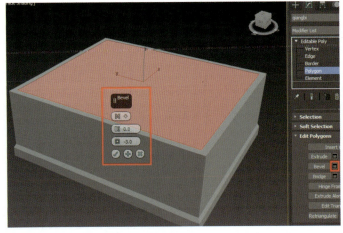

图 2-11

（11）继续单击 Extrude（挤出）右侧的小按钮，在"Extrude Polygons"（挤出多边形）弹窗中设置参数如图2-12所示。设置完后关闭窗口，效果如图2-13所示。

（12）选择物体"qiangbi"，单击鼠标右键，弹出快捷菜单如图2-14所示，单击"Scale"（缩放）右侧的小按钮，在"Scale Transform Type-In"（缩放变换类型-In）弹窗中设置等比例缩放参数为98%，如图2-15所示。设置完成后关闭窗口，效果如图2-15所示。

（13）在右侧命令面板中执行 +（创建）→ （几何体）→ Box（长方体）命令，在"Perspective"（透视图）中拖动鼠标，创建如图2-16所示的长方体，在"Modify"（修改）面板"Parameters"（参数）展卷栏中修改长方体的"Length""Width""Height"（长、宽、高）参数分别为20、3、13。单击命令面板中的 （修改）按钮，进入"Modify"（修改）面板，并将其命名为"chuanghu"。

（14）在物体"chuanghu"上方单击鼠标右键，弹出快捷菜单，单击"Convert To"（转换为）下的"Convert To Editable Poly"（转换为可编辑多边形）按钮，将模型转化为可编辑的多边形物体，如图2-17所示。

（15）按快捷键W切换到"Move"（移动）模式，选择一侧面并移动使窗户物体更薄一点，并删除选择面，效果如图2-18所示。

（16）激活"Polygon"（多边形）子级别，选中如图2-19所示的面，展开"Edit Polygons"（编辑多边形）卷展栏，单击 Bevel （挤出）右侧的小按钮，在"Extrude Polygons"（挤出多边形）弹窗中设置参数如图2-20所示，设置完后单击 （确认）按钮即可。

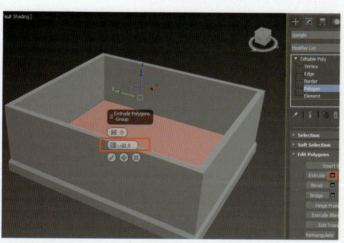

图2-12　　　　　　　　　　　　　图2-13

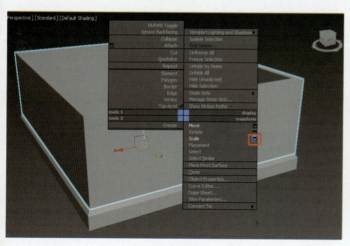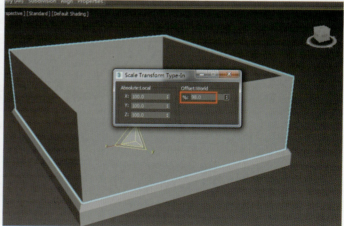

图2-14　　　　　　　　　　　　　图2-15

项目 2　游戏场景与制作——以场景建筑为例　071

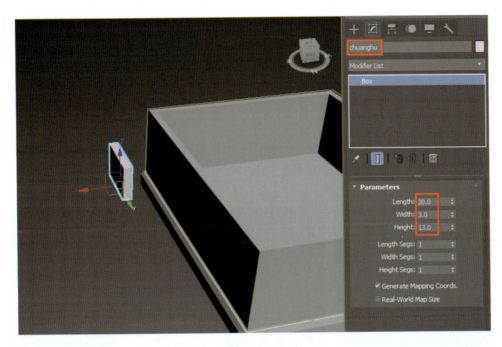

图 2-16

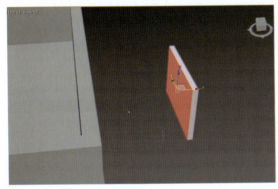

图 2-17

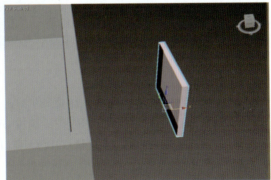

图 2-18

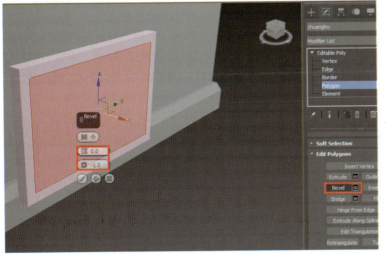

图 2-19

图 2-20

（17）继续单击 Bevel ■（挤出）右侧的小按钮，在"Extrude Polygons"（挤出多边形）弹窗中设置参数，如图2-21所示，设置完后单击✓（确认）按钮，最后效果如图2-22所示。退出多边形子物体选择状态，选择物体"chuanghu"并移动其至图2-23所示的位置。

【说明】这里实际要建4个窗户，分别放置于墙壁不同地方，但由于其贴图是相同的，只需要将UV展开一次即可，展完UV后再复制3个分别放置在对应位置上。因此，在复制前对第一个窗户进行UV展开。

（18）选择物体"chuanghu"，在"Modify"（修改）面板中单击 Modifier List ▼（修改菜单列表）后面的三角形按钮，在下拉列表中给物体"chuanghu"添加一个"Unwrap UVW"（UVW展开）修改器。

图 2-21

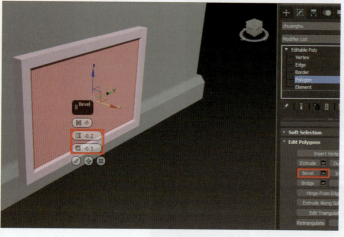

图 2-22

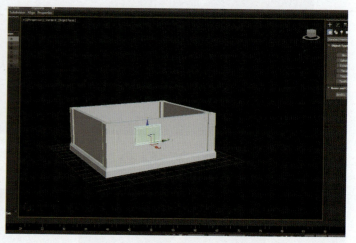

图 2-23

（19）在"Modify"（修改）面板 Edit UVs（编辑UV）卷展栏中，单击 Open UV Editor... （打开UV编辑器）按钮，弹出"Edit UVWs"（编辑UVWs）窗口（窗口中物体"chuanghu"的UV是混乱的），在"Edit UVWs"（编辑UVWs）窗口下方单击■（多边形）按钮激活UV面，在窗口中选择物体"chuanghu"所有的面，再在右侧命令面板中"Projection"（投射方式）卷展栏中单击■（平面投射）按钮，如图2-24所示，再单击"Edit UVWs"（编辑UVWs）窗口上方的Tools菜单，在下拉菜单列表中执行"Relax"（松弛）指令，在弹出的"Relax Tool"（松弛工具）窗口中选择"Relax By Polygon Angles"（按多边形角度松弛）所示的松弛方式，如图2-25所示，再单击 Start Relax （开始松弛）按钮，松弛后效果如图2-26所示。

（20）如图2-27所示，窗户最外面的四条边并没有完全展平，是因为其和窗户里侧的边相连，因此，要使其断开再进行松弛展开。单击窗口下方的✐（边）按钮激活UV边，在透视图中选择物体侧面四条边，再单击"Edit UVs"（编辑UV）窗口右侧的■（断开）按钮，使UV沿着选择的边断开。

（21）单击■（多边形）按钮激活UV面，在窗口中选择物体"chuanghu"所有的面，在右侧命令面板中"Projection"（投射方式）卷展栏中单击■（平面投射）按钮，再单击"Edit UVWs"（编辑UVWs）窗口的"Tools"菜单，在下拉菜单列表中执行"Relax"（松弛）指令，在弹出的"Relax Tool"（松弛工具）窗口中选择"Relax By Polygon Angles"（按多边形角度松弛）所示的松弛方式，如图2-28所示，再单击 Start Relax （开始松弛）按钮，松弛后效果如图2-29所示。

（22）关闭"Edit UVWs"（编辑UVWs）窗口，在透视图中选择物体"chuanghu"，在物体上单击鼠标右键，在弹出的快捷菜单中，单击"Convert To"（转换为）下的"Convert To Editable Poly"（转换为可编辑多边形）按钮，将窗户物体重新转化成多边形，如图2-30所示。

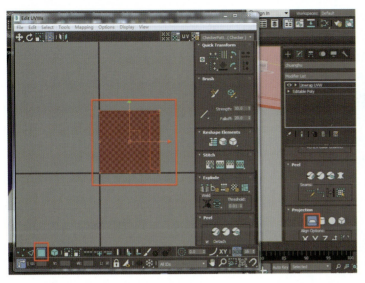
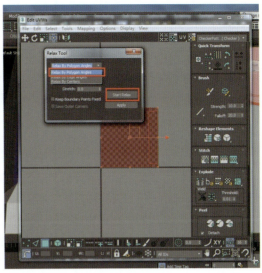

图 2-24　　　　　　　　　　　　　图 2-25

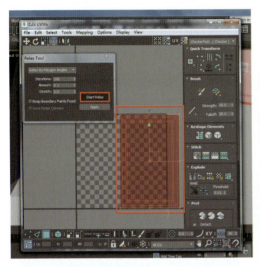

图 2-26　　　　　　　　　　　　　图 2-27

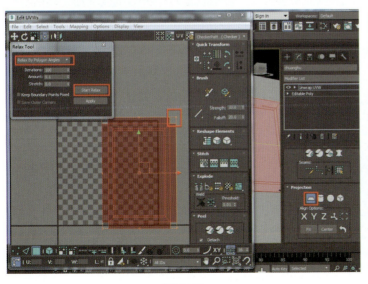
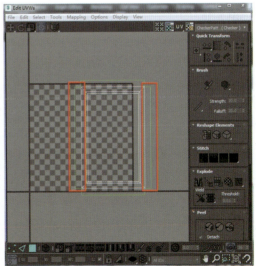

图 2-28　　　　　　　　　　　　　图 2-29

(23) 按 F 键快捷进入前视图，按快捷键 Ctrl+C 后再按快捷键 Ctrl+V，在弹出的 "Clone Options"（克隆选项）窗口中，选择 "Copy"（复制）方式复制出物体 "chuanghu001"，如图 2-31 所示。再重复运用上述方法复制出物体 "chuanghu002" 和物体 "chuanghu003"，选择复制的三物体，按快捷键 R 进入旋转模式，按 F12 键在弹出的窗口中 Z 轴中输入 "90"，将三物体放置 90°，如图 2-32 所示，再分别将三物体放置于如图 2-33、图 2-34 所示位置。

【实战小技巧】复制物体有多种方式，按 Ctrl+ 鼠标左键拖动复制的物体不在原处，按 Ctrl+C 键后再按 Ctrl+V 键可在原处复制物体，但必须在除透视图外的视图操作，否则在透视图按 Ctrl+C 键，则是自动建立匹配透视图的摄像机命令。

【说明】由于受编写书籍篇幅限制，以下场景建模中凡是以上步骤中用过的多边形建模方法及命令均一律简略叙述，只对没有用过的新方法及技术进行详细解释说明。

(24) 选择物体 "qiangbi"，选择如图 2-35 所示的一圈环绕边，运用 Connect（连接）命令给物体加上如图 2-36 所示的两条边。

(25) 将新生成的线沿 X 轴负方向打直直线，效果如图 2-37 所示，按快捷键 1 激活 "Vertex"（顶点）子级别，选中如图 2-38 所示的点，将新生成的点沿 X 轴负方向适当缩放。

(26) 运用多边形边分割技术对物体 "qiangbi" 对应的面进行分割，如图 2-39 所示。

(27) 删除物体 "qiangbi" 如图 2-40 所示的面，再选择如图 2-41 所示的两边，单击命令面板的 "Edit Edges"（编辑边）卷展栏中 Bridge（桥接）右侧按钮，生成连接两边的新面。

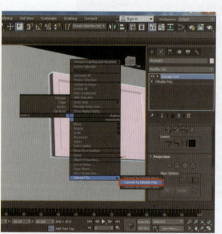

图 2-30

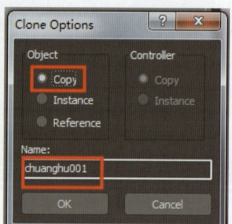

图 2-31

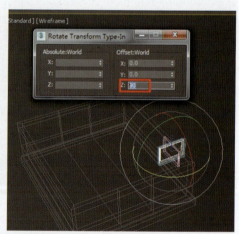

图 2-32

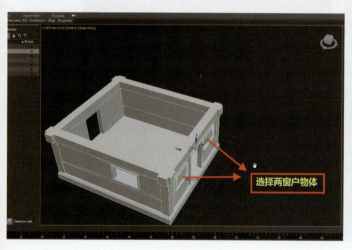

图 2-33

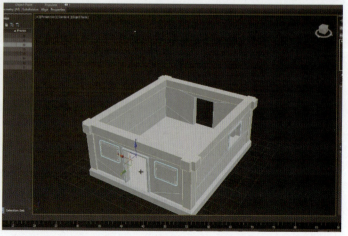

图 2-34

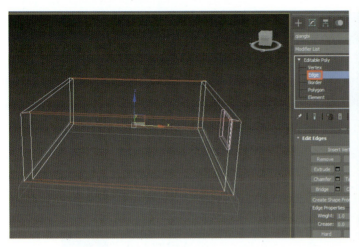

图 2-35

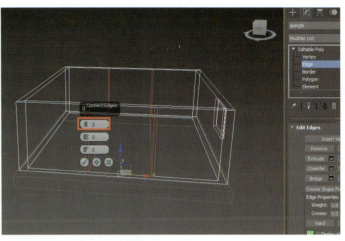

图 2-36

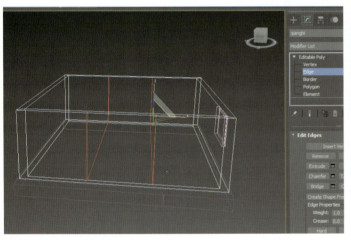

图 2-37

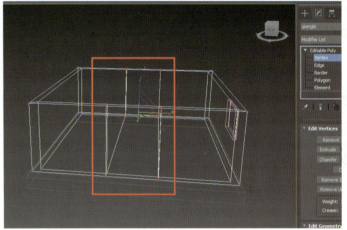

图 2-38

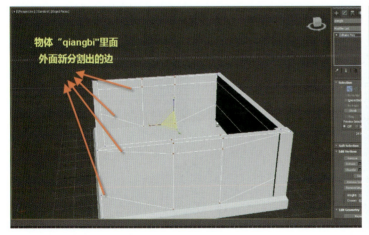

图 2-39

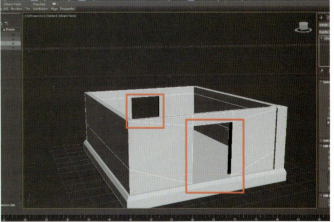

图 2-40

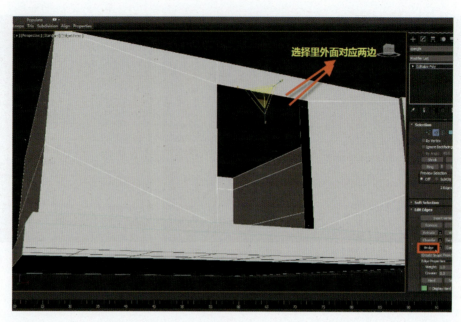

图 2-41

(28) 同理,分别生成两门洞框两侧的各个面,如图 2-42 至图 2-44 所示。

(29) 分割出如图 2-45 所示的边,并调整其位置,删除多余边后如图 2-46 所示,再挤出后效果如图 2-47 所示。

(30) 删除门内侧多余的边后,效果如图 2-48 所示。同理,对另一侧的门也做此处理,如图 2-49 所示。

(31) 分割出的新边如图 2-50 所示,并对其进行整理、焊接点后如图 2-51 所示。

(32) 对物体内墙壁删除多余边,如图 2-52 所示,在外墙壁上添加如图 2-53 所示的边。

(33) 对内墙壁上添加如图 2-54 所示的边,并对其进行位置调整,调整后如图 2-55 所示。

(34) 对外侧墙壁边进行整理,如图 2-56 所示,选择内侧如图 2-57 所示的面,将其删除。

(35) 选择外侧如图 2-58 所示的面,运用多边形"Extrude"(挤出)命令将其挤出,运用"Bevel"(倒角)命令将其收缩并调整后效果如图 2-59 所示。

(36) 运用"Bevel"(倒角)命令生成新面(新面倒角参数为零,没有厚度),并向墙壁里面移动后如图 2-60、图 2-61 所示。

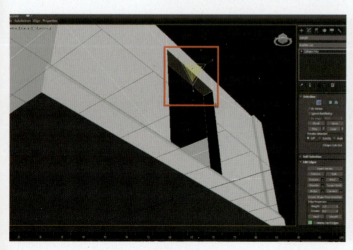

图 2-42

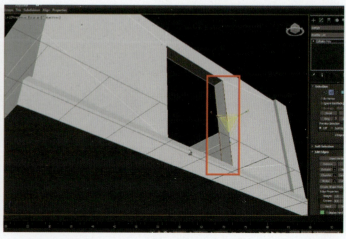

图 2-43

图 2-44

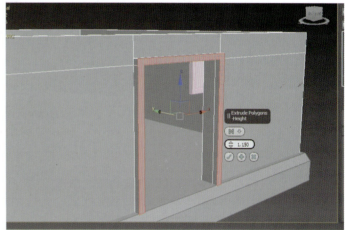

图 2-45

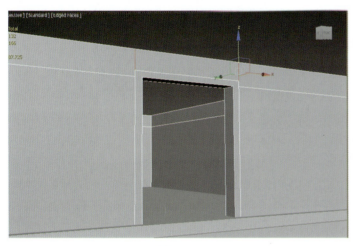

图 2-46

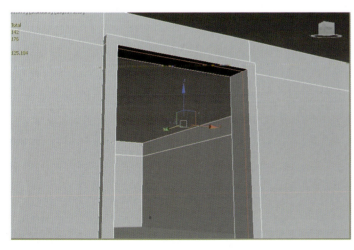

图 2-47

图 2-48

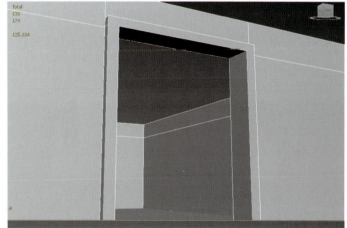

图 2-49

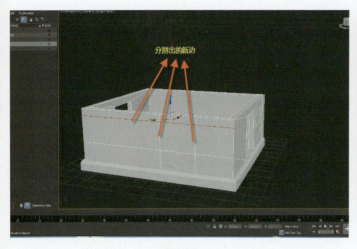

图 2-50

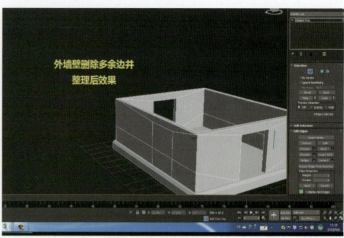

图 2-51

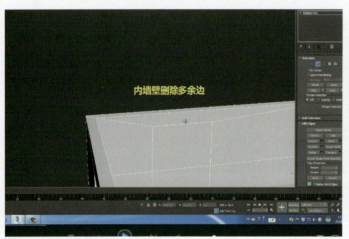

图 2-52

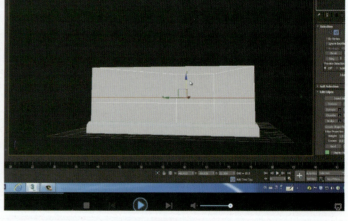

图 2-53

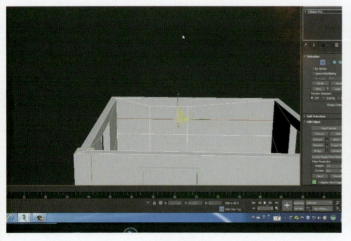

图 2-54

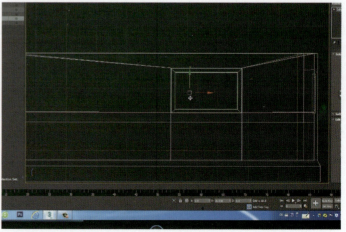

图 2-55

项目 2　游戏场景与制作——以场景建筑为例　079

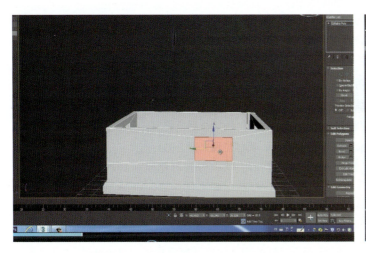

图 2-56　　　　　　　　　　　　　　　　　　图 2-57

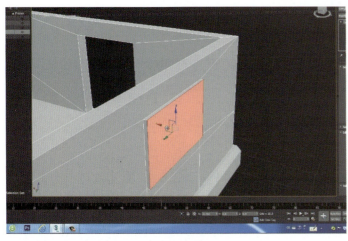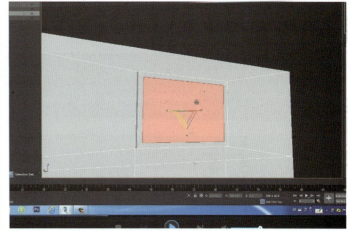

图 2-58　　　　　　　　　　　　　　　　　　图 2-59

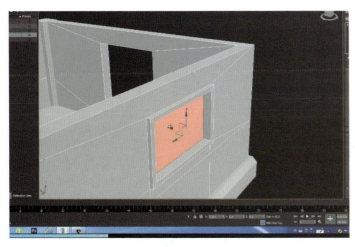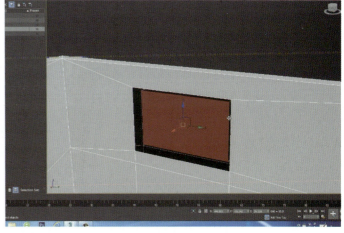

图 2-60　　　　　　　　　　　　　　　　　　图 2-61

（37）删除此面后将其移动至如图 2-62 所示位置，将对应点焊接后如图 2-63 所示。

（38）删除内外多余的边，并对其进行整理，如图 2-64 所示。选择内墙壁侧面，并将其进行打直处理后如图 2-65 所示。

（39）创建如图 2-66 所示的两个长方体，并将其中一个命名为"zhuzi001"，另一个命名为"fangliang"，将两模型转化为可编辑的多边形物体。

（40）选择物体"zhuzi001"并将其顶面及底面删除，添加边后再将其内侧面删除，如图 2-67、图 2-68 所示。之后调整其至物体"qiangbi"的一角上，具体位置如图 2-69 所示。

（41）将物体"zhuzi001"UV 展开，UV 展开操作与窗户 UV 展开相同。

【说明】这里实际要建 4 个柱子，但由于其贴图是相同的，只需要将 UV 展开一次就行，展完 UV 后再复制三个分别放置在 4 个角上。柱子 UV 展开同步骤（18）窗户 UV 展开一样，详细 UV 展开步骤见 2.3 节场景建筑 UV 展开。

（42）复制三个物体"zhuzi001"，分别将复制的物体位置调整至物体"qiangbi"的 4 个角上（其中两个柱子要镜像后再放置），具体位置如图 2-70 所示。

（43）选择物体"fangliang"，并将其放置于图 2-71 所示的位置。将其 UV 展开后（UV 展开详见 2.3 节）复制出 3 个物体，分别放置于图 2-72、图 2-73 所示的位置。

【实战小技巧】在安排 4 个一样的"fangliang"物体时，相对的两物体要镜像放置，这样它们朝外的纹理将是相同的。

图 2-62

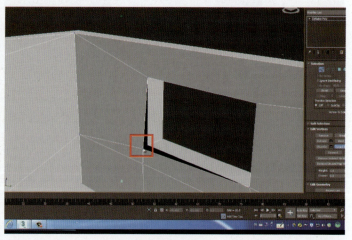

图 2-63

图 2-64

图 2-65

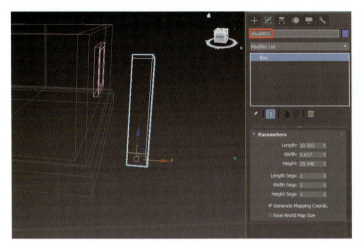

图 2-66

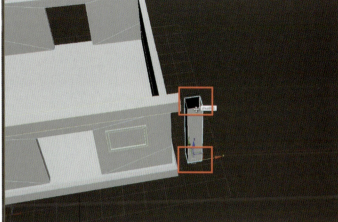

图 2-67

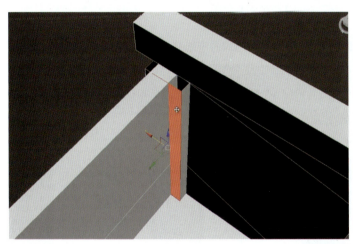

图 2-68

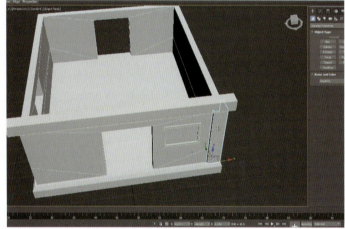

图 2-69

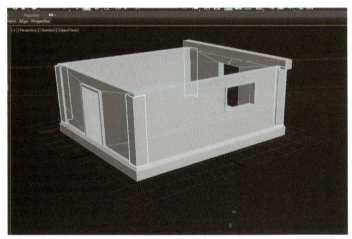

图 2-70

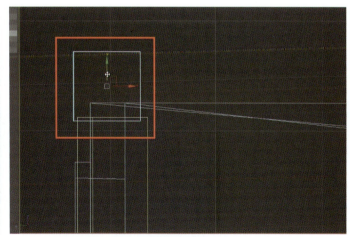

图 2-71

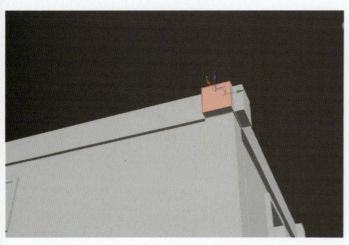

图 2-72

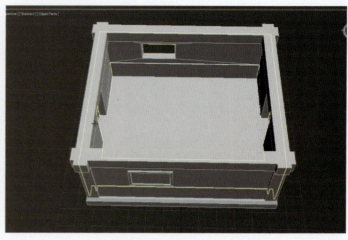

图 2-73

（44）选择物体"qiangbi"，并将其命名为"fangzi001"。创建如图 2-74 所示的长方体，并将其中一个命名为"qiangbi"，之后将其转化为多边形，删除其底面，调整点后放置于图 2-75 所示的位置。

（45）添加中线并调整其位置，如图 2-76 所示；再添加两中线并调整其位置，如图 2-77 所示。

图 2-74

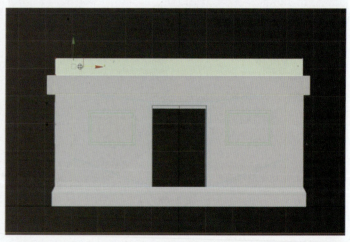

图 2-75

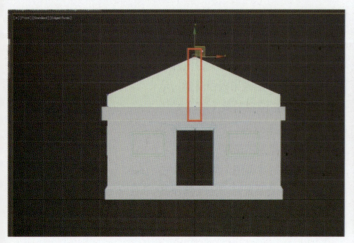

图 2-76

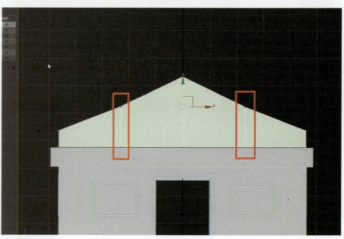

图 2-77

(46)通过焊接点调整边的分布,如图 2-78 所示,删除其顶面,如图 2-79 所示。

(47)将其 UV 展开、镜像复制后,放置于如图 2-80 所示位置。

(48)创建如图 2-81 所示的长方体,并将其转化为多边形,删除其侧面后放置于如图 2-82 所示位置,展开 UV 后复制 3 个,分别放置于图 2-83 所示的位置。

图 2-78

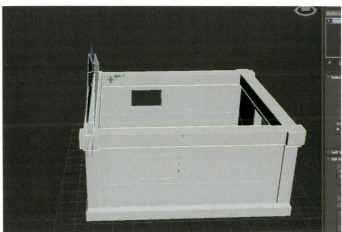

图 2-79

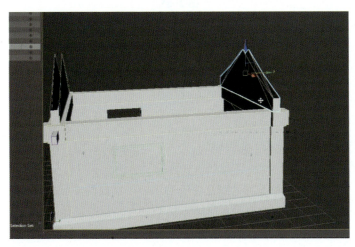

图 2-80

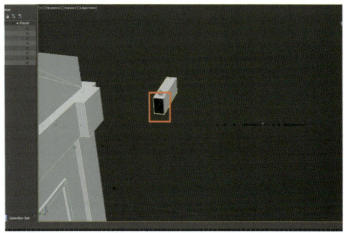

图 2-81

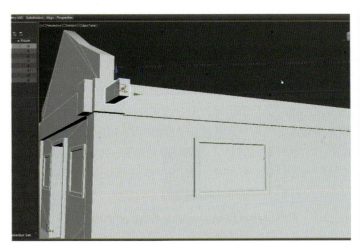

图 2-82

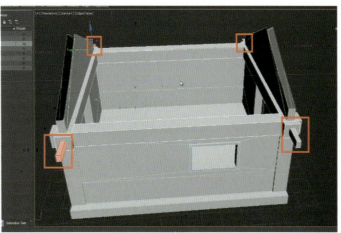

图 2-83

(49）创建长方体，长方体分段如图 2-84 所示，并命名为"wa"。之后将其转化为多边形，调整点至图 2-85 所示的位置，并旋转物体两侧面点的角度。

(50）继续调整瓦的形状，如图 2-86、图 2-87 所示。

(51）创建圆柱形物体，如图 2-88 所示。调整其形状后放置于如图 2-89、图 2-90 所示的位置。

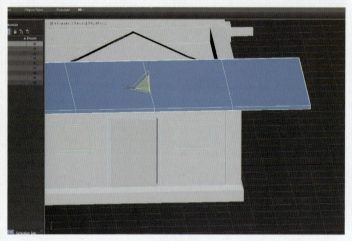

图 2-84

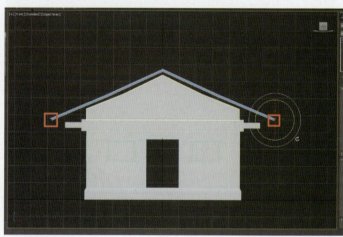

图 2-85

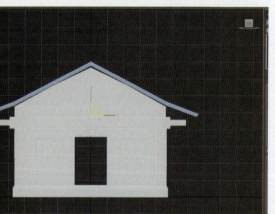

图 2-86

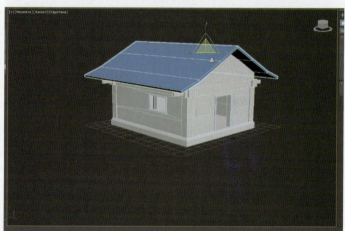

图 2-87

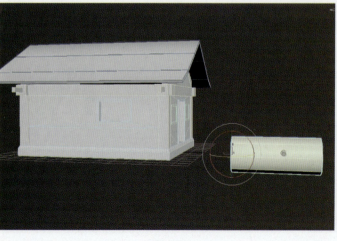

图 2-88

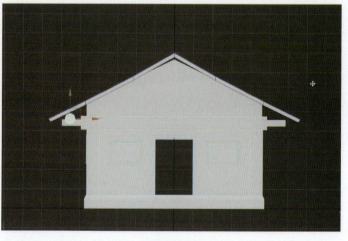

图 2-89

（52）选择物体"wa"，独立复制出新物体"wa001"，如图2-91所示；调整其形状，如图2-92所示；之后删除其顶面，如图2-93所示。

（53）选择物体"wa001"，将其放置于如图2-94所示位置，将其展开UV后再独立复制出多个新物体，并放置于如图2-95所示的位置，最后将所有带"wa"前缀命名的物体（除物体"wa"外）结合在一个多边形中，并取名为"wa1"，如图2-96所示。

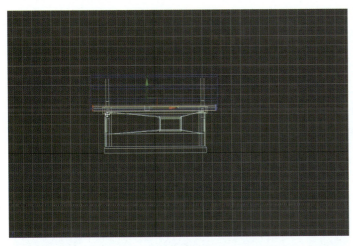

图 2-90

图 2-91

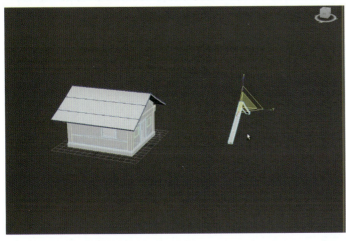

图 2-92

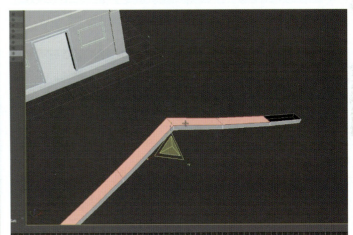

图 2-93

图 2-94

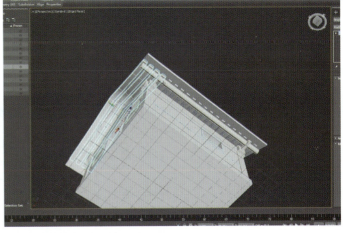

图 2-95

（54）选择步骤（51）创建的圆柱形物体，改名为"zhu001"，再在命令面板选中■（元素）层级，选择圆柱形元素，将其复制出六个，通过调整放置于如图2-97所示的位置，复制方式都为"Clone Element"（克隆到元素），如图2-98所示。

（55）选择物体"fangliang"，再在命令面板选中■（元素）层级，选择如图2-97所示元素，将其复制出来，复制方式为"Clone Element"（克隆到元素），如图2-98所示。通过调整点的位置改变其形状后放置于图2-99所示的位置。

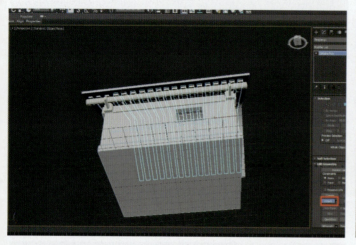

图 2-96

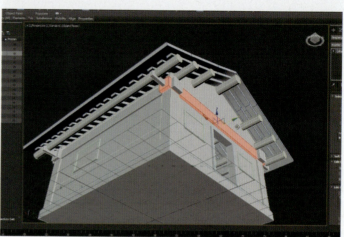

图 2-97

图 2-98

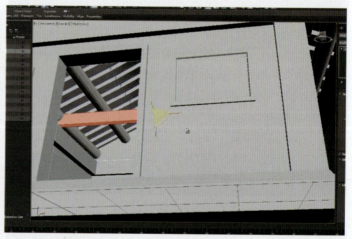

图 2-99

（56）通过元素克隆再复制一个元素，放置在如图2-100所示的位置；此后，再元素克隆一个元素，如图2-101所示。

（57）旋转新复制的元素，调整其点并改变形状后，效果如图2-102所示；最后，将其放置于图2-103所示的位置。

（58）通过元素克隆复制一个元素，如图2-104所示；再调整其形状及位置，如图2-105所示。

（59）复制出"wa001"物体，如图2-106所示，缩小并调整点，如图2-107所示。

（60）将其放置于图2-108、图2-109所示的位置。

（61）复制5个前面的圆柱形房梁物体，放置于图2-110、图2-111所示的位置。

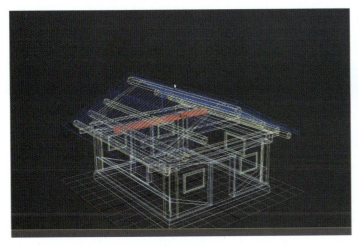

图 2-100

图 2-101

图 2-102

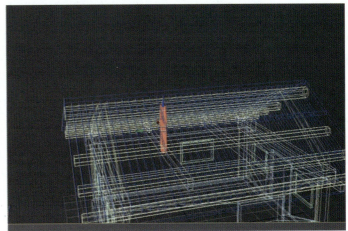

图 2-103

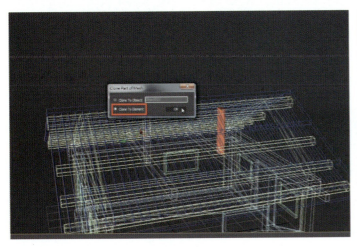

图 2-104

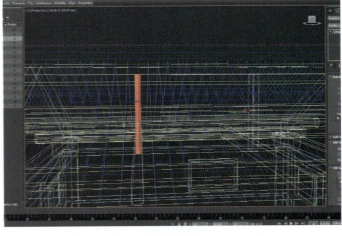

图 2-105

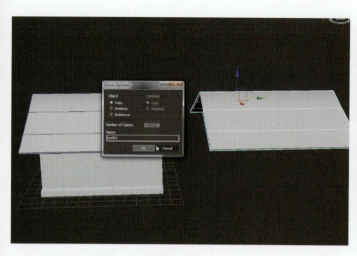

图 2-106

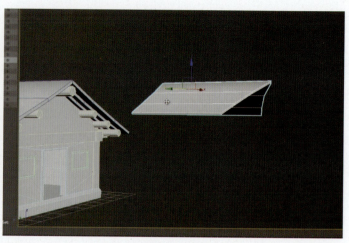

图 2-107

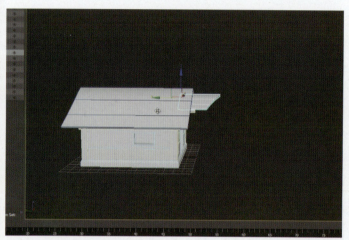

图 2-108

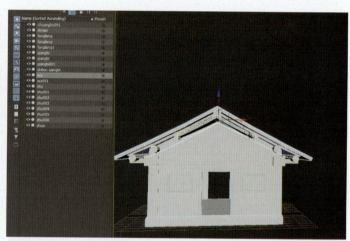

图 2-109

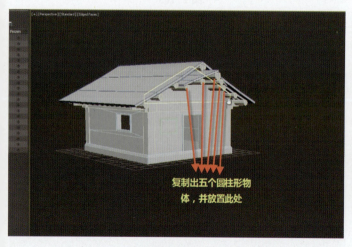

图 2-110

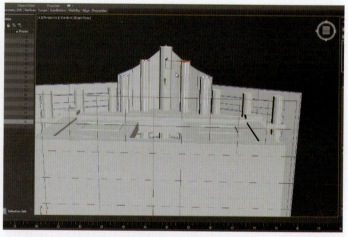

图 2-111

（62）独立复制出前面"wa1"物体中的一元素，取名为"fangliang002"，如图 2-112 所示，将其缩放并调整其形状后放置于图 2-113 所示的位置。

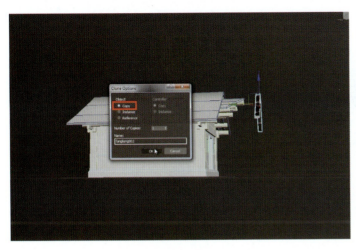

图 2-112

图 2-113

（63）选择物体"fangliang002"，单击命令面板中"Utilities"（实用程序），在"Utilities"（实用程序）单击 Reset XForm （重置 XForm）按钮，再单击"Reset Transform"（重置变换）展卷栏中的 Reset XForm （重设置选择的）按钮，将物体的 UV 展开信息重置为初始状态，如图 2-114 所示，同理，选择物体"wa001"，也进行同样重置变换操作。

【实战小技巧】建模中经常要复制以前 UV 展开过的物体，如果不"Reset Transform"（重置变换），则将保留以前的 UV 信息，而且在以后的 UV 展开过程中也会产生一定的影响。因此，在重新展开一个已有 UV 信息的物体时，常常需要先进行重置变换操作。

（64）重置变换后将两物体分别进行 UV 展开（UV 展开详见 2.3 节），选择物体"fangliang002"，独立复制出多个，并将其放置于图 2-115 所示的位置，再将新建立的尖角屋檐及房梁及梁柱等物体成组，成组后镜像复制于大房子的另一侧，如图 2-116 所示。

（65）新建一个 box 物体，取名为"qiangbi2"，将其转变为多边形，如图 2-117 所示，调整其点后形状如图 2-118 所示。

图 2-114

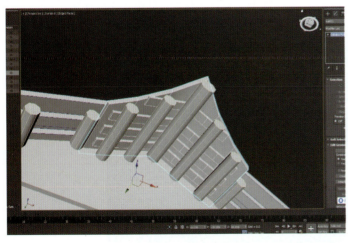

图 2-115

图 2-116

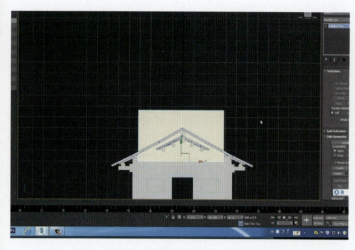

图 2-117

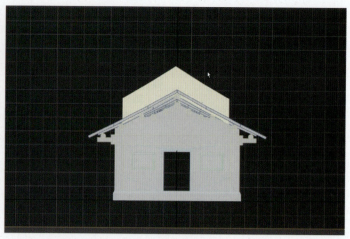

图 2-118

（66）选择物体"qiangbi2"，赋予其默认材质，并将其底面及顶面删除后，如图 2-119 所示，再放置于图 2-120 所示的位置。

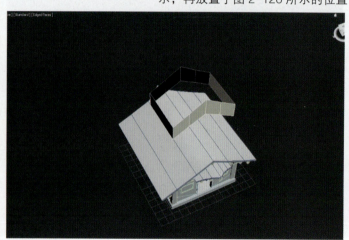

图 2-119

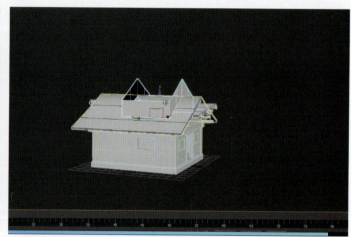

图 2-120

【说明】每次新建物体时，其本身并没有材质，都要赋予其一个与建筑相同的材质，常赋予材质编辑器中第一个材质为其默认材质。

（67）选择物体"wa"，进入元素层级，运用元素复制一个模型，如图 2-121 所示。

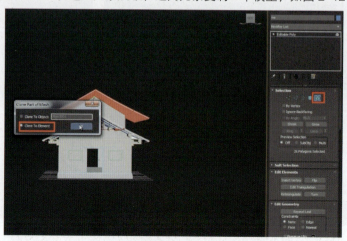

图 2-121

(68)调整新复制的元素的点,放置于图2-122、图2-123所示的位置。

(69)选择物体"fangliang",进入元素层级,选择如图2-124所示的元素,复制出新的元素,如图2-125所示,并调整其位置,如图2-126所示。

(70)运用元素复制方法复制出新的元素,位置如图2-127所示。

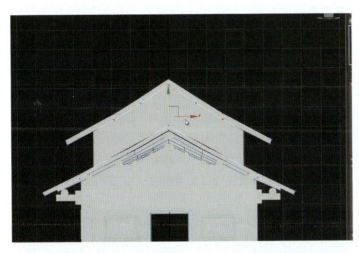

图 2-122

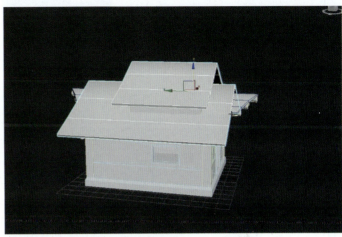

图 2-123

图 2-124

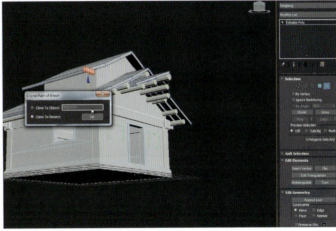

图 2-125

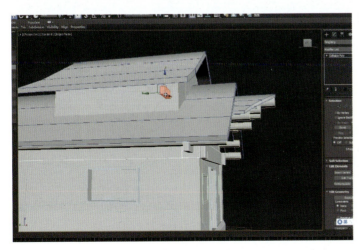

图 2-126

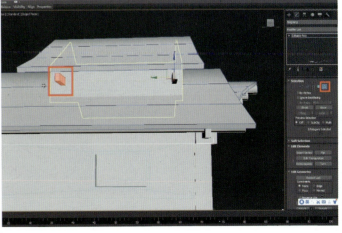

图 2-127

图 2-128

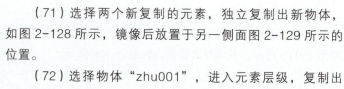

（71）选择两个新复制的元素，独立复制出新物体，如图 2-128 所示，镜像后放置于另一侧面图 2-129 所示的位置。

（72）选择物体"zhu001"，进入元素层级，复制出多个圆柱形元素，如图 2-130 所示。通过调整各元素的点位置改变其形状，分别放置于图 2-131、图 2-132 所示的位置。

（73）选择物体"wa"，独立复制出一个如图 2-133 所示的元素物体，取名为"fangliang001"。调整其点并改变形状后放置于图 2-134 所示的位置。

（74）选择物体"fangliang001"，进入元素层级，复制出多个元素，均匀放置于图 2-135 所示的位置。至此，主体建筑基本建成，效果如图 2-136 所示。

图 2-129

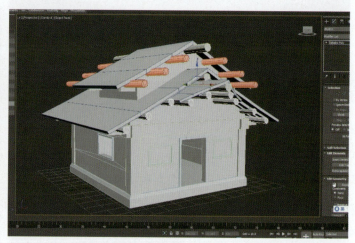

图 2-130

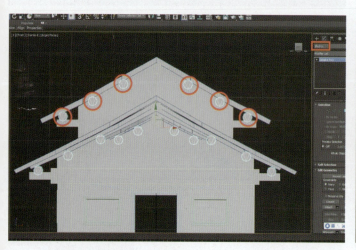

图 2-131

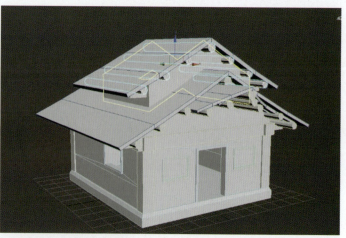

图 2-132

（75）执行主菜单"File → Save"（保存文件）命令，文件名是 fangzi.max，详细结合物体见网盘项目文件 fangzi.max，文件路径："手绘 3D 项目实战"项目资料→项目文件→项目 2　游戏场景与制作→游戏建筑→max → fangzi.max。

图 2-133

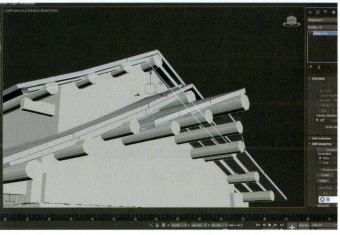

图 2-134

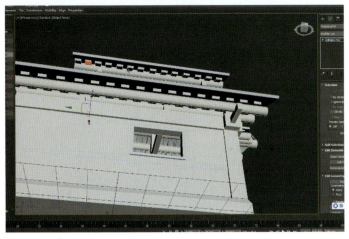

图 2-135

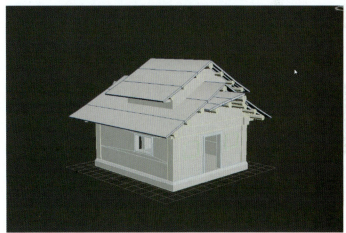

图 2-136

2.2　建筑配件模型制作

建筑配件模型制作的作用：建筑配件模型主要包括窗户、阳台、台阶及栅栏扶手等模型，对比图 2-136 与图 2-137、图 2-138，可以看出场景建筑在有了配件模型后显得丰富多了，建筑似乎也有了风格和内涵。由此可见，在设计场景中建筑配件模型设计的重要性。

（1）新建一个 box 物体，取名为"muban"，缩放后放置于图 2-139 所示的位置，再独立复制出另一个 box 物体，取名为"muban001"，缩放后放置于图 2-140 所示位置。

（2）接着再独立复制出一个 box 物体，取名为"muban002"，缩放后放置于图 2-141 所示的位置。

（3）新建一个"box001"物体，缩放后放置于图 2-142 所示的位置，展开 UV 后再独立复制出 4 个 box 物体，分别均匀放置于图 2-143 所示的位置，将如图 2-144 所示最右"box05"等比例放大，并调整其点，使之与其他 box 物体上下对齐。

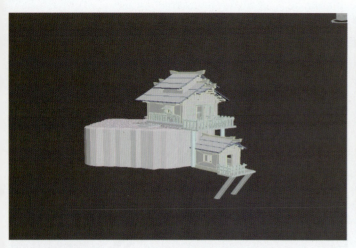

图 2-137

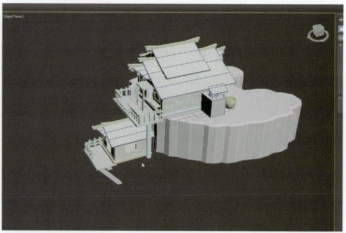

图 2-138

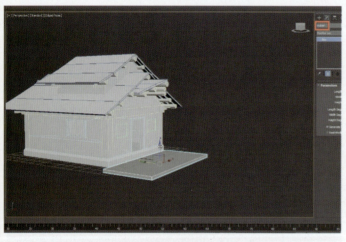

图 2-139

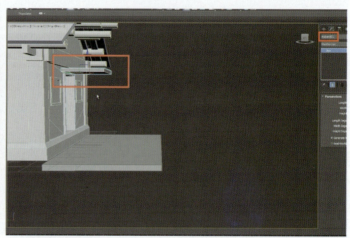

图 2-140

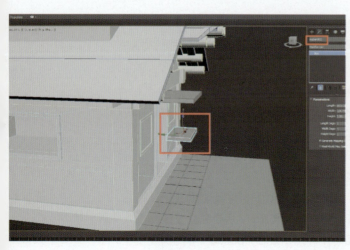

图 2-141

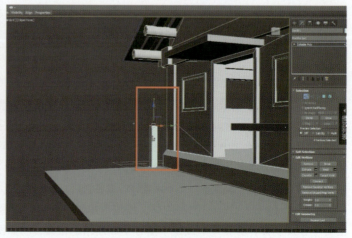

图 2-142

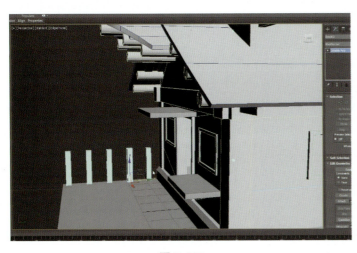
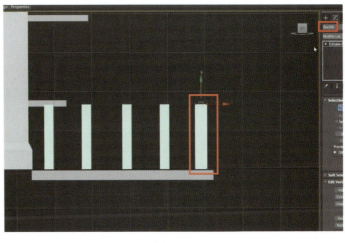

图 2-143　　　　　　　　　　　　　　　　　　图 2-144

（4）独立复制一 box006 物体，旋转 90°后放置于图 2-145 所示的位置，缩放其厚度使其比其他 box 物体薄一点，将 6 个 box 物体转化为多边形后再结合成一个多边形，其名为系统默认的"box007"，如图 2-146 所示。

（5）选择物体"box007"，再独立复制出名为"box008"的物体，放置于地板另一侧，如图 2-147 所示。

（6）激活物体"box007"元素层级，选择如图 2-148 所示元素，独立复制出一个物体，缩放后放置于图 2-149 所示的位置，再独立复制出另一个物体放置于图 2-150 所示的位置。

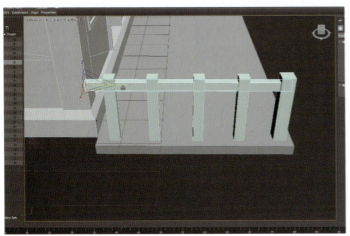
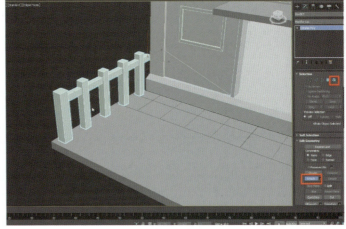

图 2-145　　　　　　　　　　　　　　　　　　图 2-146

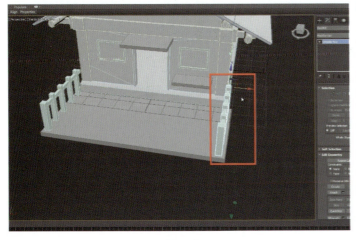
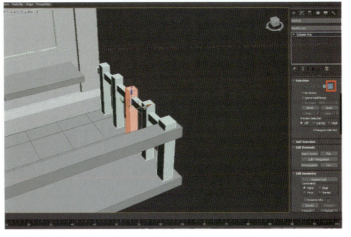

图 2-147　　　　　　　　　　　　　　　　　　图 2-148

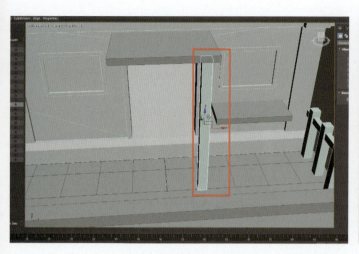
图 2-149

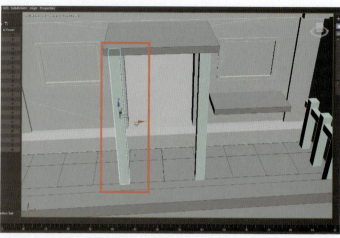
图 2-150

(7)创建一个 box 物体,将其转化为多边形,进入边层级,对多边形进行分割边,如图 2-151、图 2-152 所示。

(8)调整其顶点,改变其形状,如图 2-153 所示。再创建一个 box 物体,将其转化为多边形后,删除其底面及顶面,如图 2-154 所示。

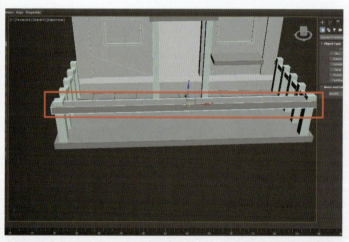
图 2-151

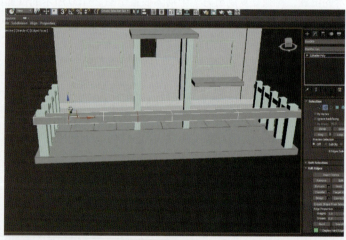
图 2-152

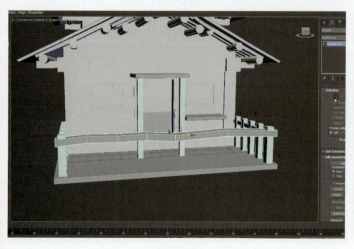
图 2-153

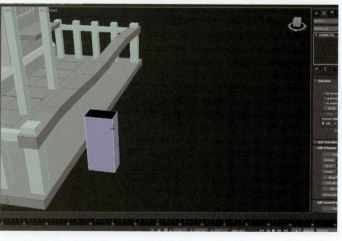
图 2-154

(9)将新创建的多边形物体,放置于图 2-155 所示的位置,再分割出两圈边,如图 2-156 所示。

(10)通过调整点后其效果如图 2-157 所示,展开 UV 后再将其独立复制出 9 个此物体,并放置于图 2-158 所示的位置,最后调整各个物体的点,使下部形状各不相同,整体看起来参差不齐。

(11)将所有栏杆形物体结合成一个多边形,取名为"langan",如图 2-159 所示;将图 2-160 所示的 3 块板状物体结合成一个多边形,取名为"muban"。

图 2-155

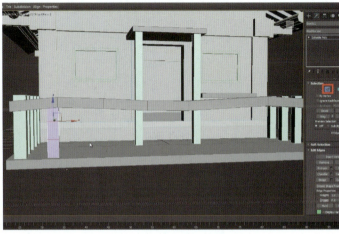

图 2-156

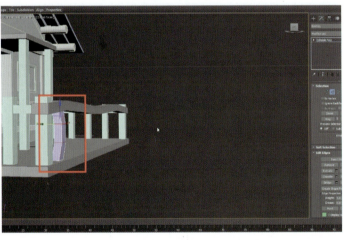

图 2-157

图 2-158

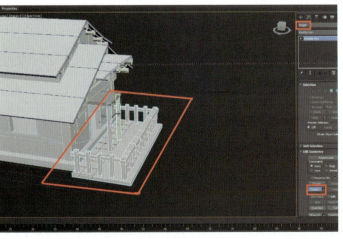

图 2-159

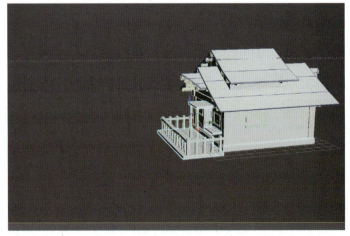

图 2-160

（12）新建一个 box 物体，将其转化为多边形，放置于图 2-161 所示的位置。

（13）通过增加边分段数，调节点位置后其形状如图 2-162 所示，展开 UV 后再独立复制出一个新的此形状物体，如图 2-163 所示，删除其一侧面后形状如图 2-164 所示，再将其复制后分别放置于图 2-165 所示的位置，然后将新复制的两个翘檐形物体镜像复制后，放置于建筑屋顶的另一侧面，最后将其全部结合成一个多边形物体，取名为"fangyan"，如图 2-166 所示。

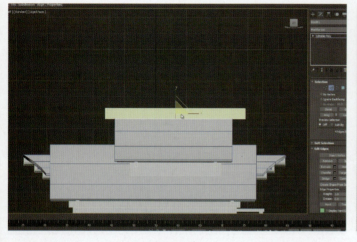

图 2-161

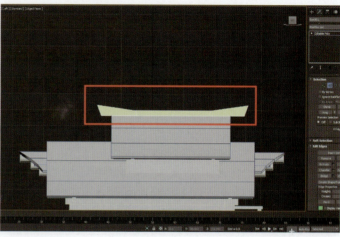

图 2-162

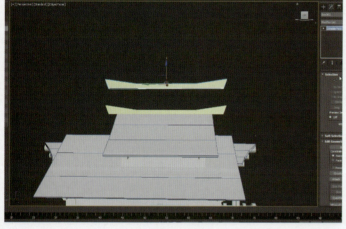

图 2-163

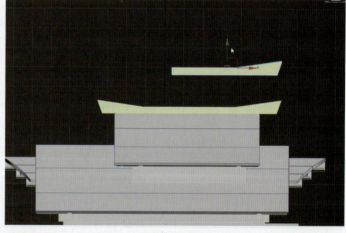

图 2-164

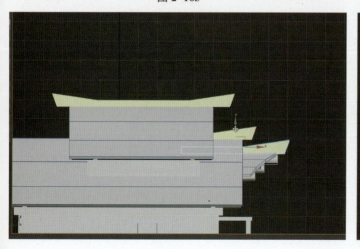

图 2-165

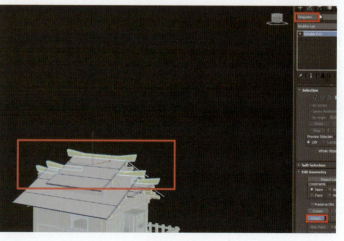

图 2-166

（14）创建一个box物体，将其转化为多边形，放置于图2-167所示的位置；通过分段加边调节其点和形状，如图2-168所示；最后将其展开UV后镜像复制放置于建筑的另一侧面。

（15）再创建一个box物体，将其转化为多边形，删除其顶面、底面及里侧面后如图2-169所示，然后将其放置于图2-170所示的位置。

（16）将其展开UV后独立复制多个多边形，放置于图2-171所示的位置，调整各个多边形的点后，多边形的形状如图2-172所示。

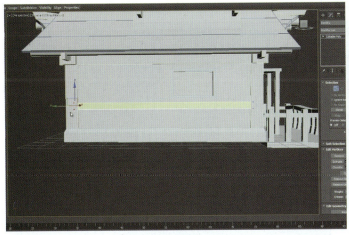

图 2-167

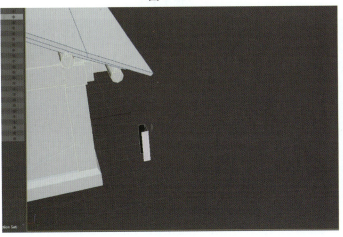

图 2-169

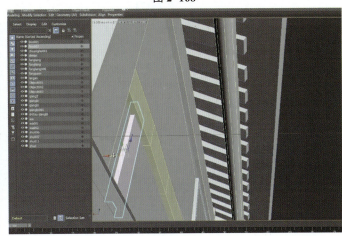

图 2-170

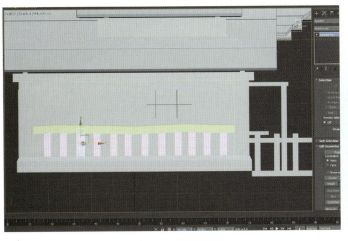

图 2-171

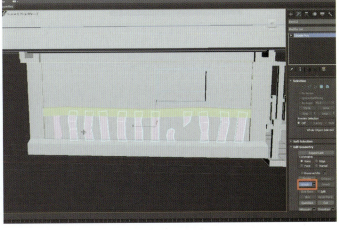

图 2-172

（17）将刚才复制的多个多边形结合成一个多边形后，独立复制并镜像放置于另一侧面，如图2-173所示。

（18）将几个带"wa"前缀名的物体结合成一个多边形，取名为"wa"，如图2-174所示；将所有梁柱子物体结合为一多边形，取名为"zhuzi"，如图2-175所示；将两个三角形物体结合成一个多边形，取名为"qiangbi001"，如图2-176所示。

（19）创建一个box物体，将其转化为多边形，删除其底面、顶面及里侧面后，如图2-177所示，并将其放置于图2-178所示的位置。

图2-173   图2-174

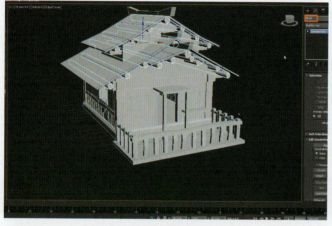 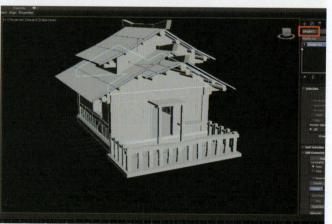

图2-175   图2-176

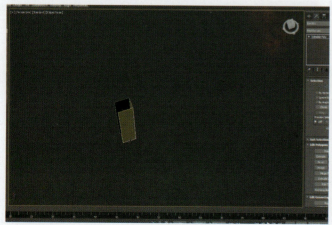 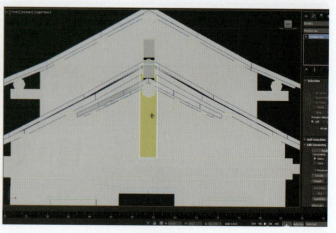

图2-177   图2-178

（20）选择刚创建的多边形，将其展开UV后独立复制多个，调整位置和形状后放置于图2-179所示的位置。将刚才创建的几个多边形结合成一个多边形，并镜像复制放置于另一侧面，如图2-180所示。

（21）选择物体"fangliang"，将刚才两物体结合成一个多边形，如图2-181所示。

（22）新创建一个圆柱形物体，将其转化为多边形后，删除其底面及顶面，如图2-182所示；然后将其放置于另一侧面，如图2-183所示。

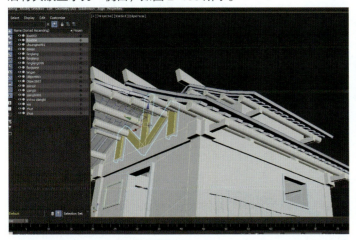

图2-179　　　　　　　　　　　　　　　图2-180

 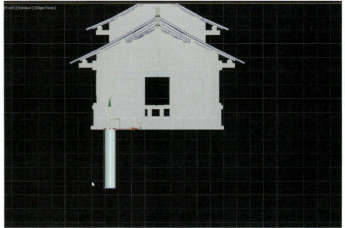

图2-181　　　　　　　　　　　　　　　图2-182

（23）选择物体"muban"，选择如图2-184所示元素，将其独立复制出来后放置于图2-185所示的位置。

（24）选择物体"langan"，选择如图2-186所示元素，运用元素复制方式复制出来一个元素，调整其形状放置于图2-187所示的位置；再复制多个元素放置于图2-188所示的位置。

（25）新建一个平面物体，将其转化为多边形，如图2-189所示，再调整其为图2-190、图2-191所示形状。

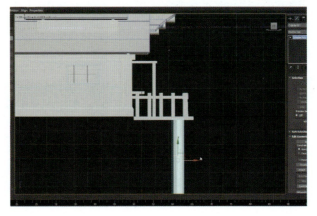

图2-183

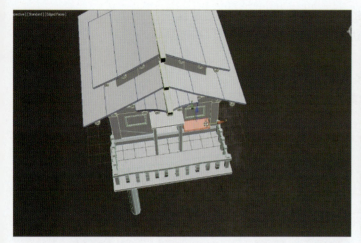

图 2-184

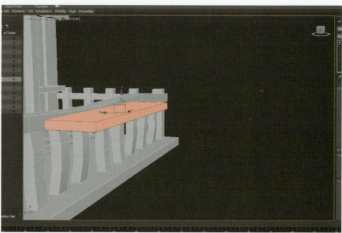

图 2-185

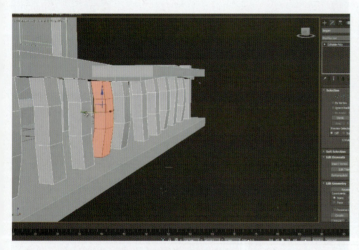

图 2-186

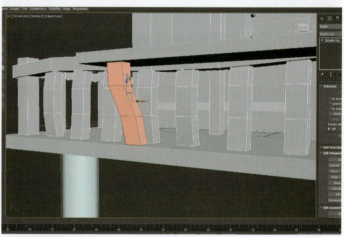

图 2-187

图 2-188

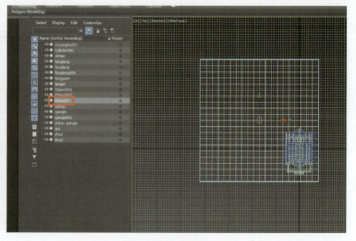

图 2-189

项目 2　游戏场景与制作——以场景建筑为例

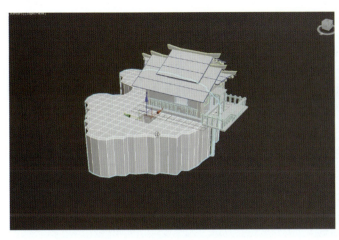

图 2-190

图 2-191

（26）选择物体"qiangbi"，如图 2-192 所示，进行独立复制，如图 2-193 所示，然后放置于图 2-194 所示的位置。

【实战小技巧】从步骤（26）开始再建一个与原建筑类似的建筑，建模时常常利用原建筑的各部分模型进行独立复制后再运用调点、缩放等方法进行改造外形而成。

（27）选择物体"qiangbi001"，进入面层级，删除面后如图 2-195 所示，然后将其镜像"Instance"（关联）复制，位置如图 2-196 所示，再将其靠近石壁的面删除后放置于图 2-197 所示的位置，最后将其整个删除，选择另一半独立复制后结合成一个多边形。

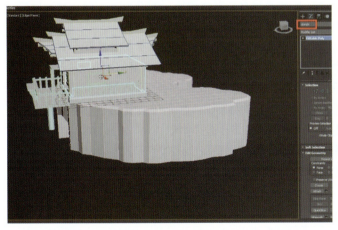

图 2-192

图 2-193

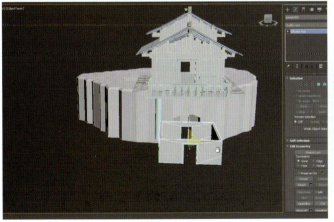

图 2-194

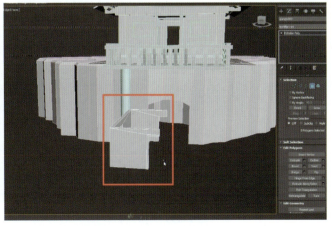

图 2-195

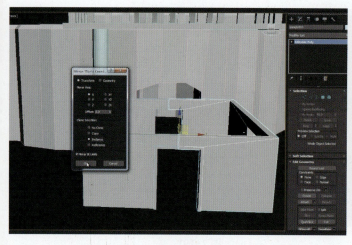

图 2-196

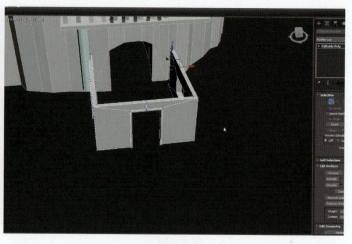

图 2-197

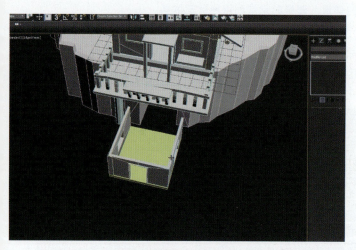

(28）新建一个 box 物体，放置于图 2-198 所示的位置，选择物体"zhuzi"，独立复制出来，如图 2-199 所示，放置于图 2-200 所示的位置。

（29）选择物体"fangliang"，独立复制后放置于如图 2-201 所示位置；选择物体"qiangbi"，独立复制后放置于图 2-202 所示的位置。

（30）选择物体"wa"，独立复制后放置于图 2-203 所示的位置；选择物体"zhuzi"，独立复制多个圆柱形物体，调整位置与形状后放置于图 2-204 所示的位置。

（31）选择物体"diban"，独立复制一个地板后放置于图 2-205 所示的位置；选择物体"wa"，独立复制如图 2-206 所示选中元素，放置位置如图 2-207 所示；选择物体"fangyan"，独立复制后放置于图 2-208 所示的位置。

图 2-198

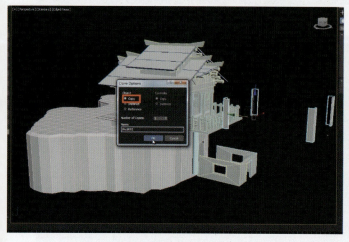

图 2-199

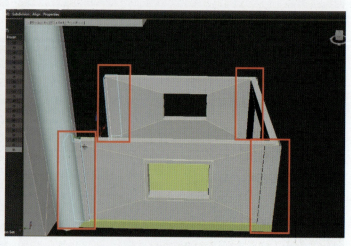

图 2-200

项目 2　游戏场景与制作——以场景建筑为例　105

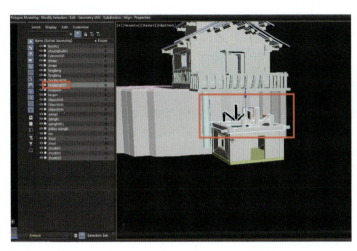
图 2-201

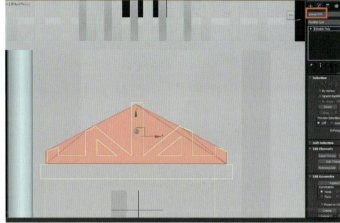
图 2-202

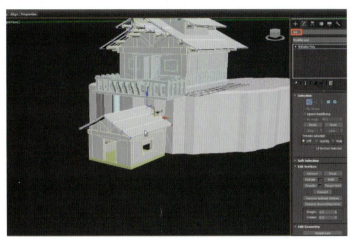
图 2-203

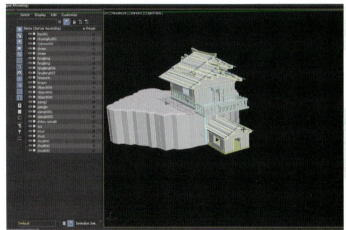
图 2-204

图 2-205

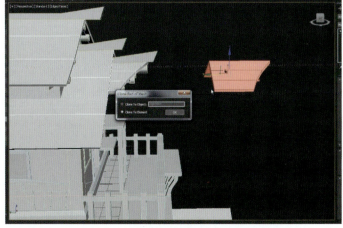
图 2-206

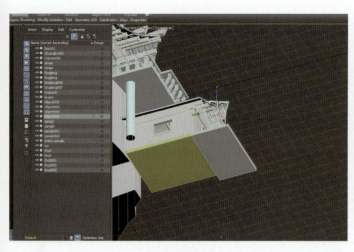

图 2-207

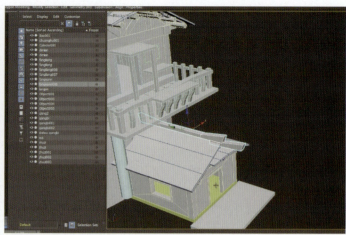

图 2-208

（32）创建一个 box 物体，将其转化为多边形物体，独立复制两个，放置于图 2-209 所示位置后，再结合成一个多边形。选择物体"chuanghu"，选中一个窗户元素，独立复制后放置于图 2-210 所示的位置。

（33）选择物体"langan"，独立复制部分元素后并调整其形状，放置于图 2-211 所示的位置，再复制出另一个栏杆，放置于图 2-212 所示的位置。

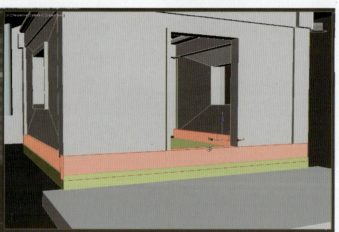

图 2-209

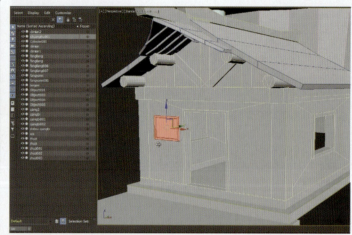

图 2-210

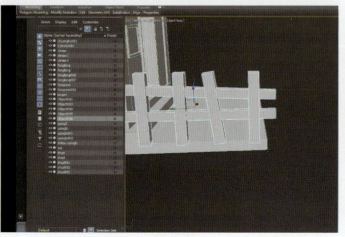

图 2-211

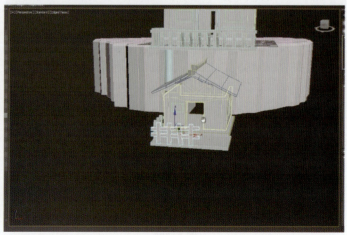

图 2-212

（34）选择物体"wa"，独立复制如图 2-213 所示的元素后放置于图 2-213 所示的位置。新建一个物体 box，将其转化为多边形后，调整其形状后放置于图 2-214 所示的位置。

（35）新建另一个物体 box，将其转化为多边形后，调整其形状后放置于图 2-215 所示的位置。

（36）新建一个立方体 box，如图 2-216 所示；在修改面板中给其添加两次"Turbosmooth"（涡轮平滑）修改器，如图 2-217 所示；再将其转化为多边形，删除下半部分多边形后，其形状如图 2-218 所示；缩放其形状后放置于图 2-219 所示的位置。

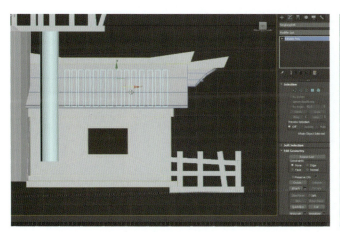

图 2-213

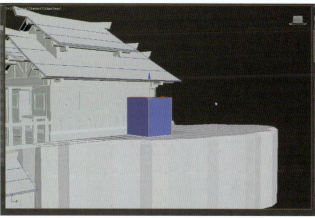

图 2-214

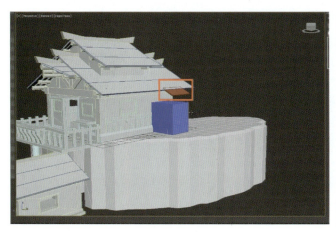

图 2-215

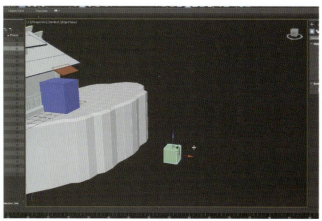

图 2-216

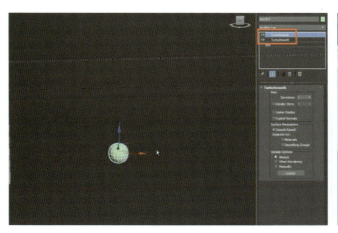

图 2-217

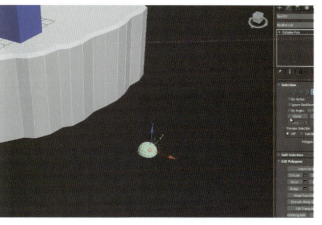

图 2-218

（37）新建一个物体 box，将其转化成多边形后，删除其顶面及底面，调整其外形后如图 2-220 所示；再将其放置于图 2-221 所示的位置，展开 UV 后镜像复制一个，并放置于图 2-222 所示的位置。

（38）新建一个物体 box，将其转化为多边形后，删除其底面并调整外形后放置于图 2-223 所示的位置。

（39）新建一个圆柱形物体，如图 2-224 所示，将其转化为多边形后，删除其顶面、底面及左

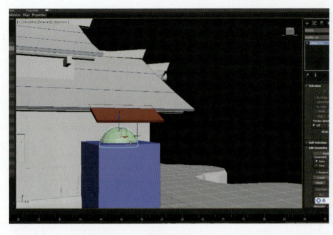

图 2-219

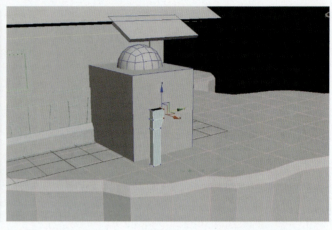

图 2-220

图 2-221

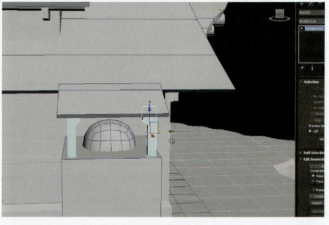

图 2-222

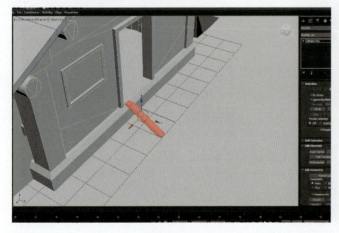

图 2-223

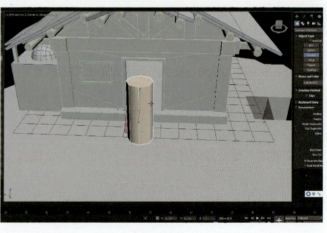

图 2-224

侧面后，如图 2-225 所示，并将其放置于图 2-226 所示的位置，将其展开 UV 后镜像复制并放置于图 2-227 所示位置。

（40）选择如图 2-223 所示的 box 物体，展开 UV 后独立复制后放置于另一侧面如图 2-228 所示的位置；新建立一个物体 box，将其转化为多边形，放置于图 2-229 所示的位置，展开 UV 后独立复制出两个，分别放置于图 2-230 所示的位置，调整其外形后，效果如图 2-231 所示。

（41）选择如图 2-232 所示的两个半圆柱形物体，将其结合成一个多边形，并取名为"menzhu"；选择如图 2-233 所示的台阶形物体，将其结合成一个多边形，取名为"taijie"。

（42）新建一个 box 物体，将其转化为多边形，删除如图 2-234 所示的面，将其放置于如图 2-235 所示的位置；展开 UV 后再镜像复制一个，并放置于图 2-236 所示的位置，两物体结合后，取名为"men"。

图 2-225

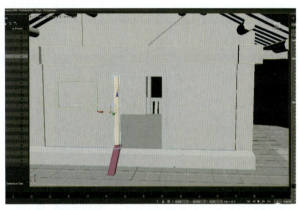

图 2-226

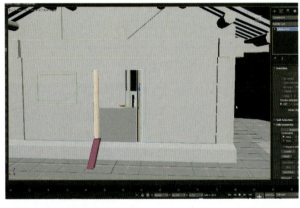

图 2-227

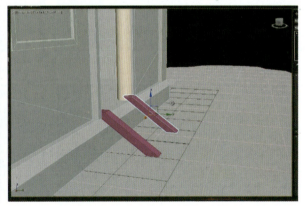

图 2-228

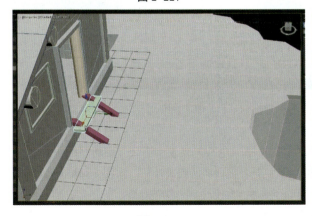

图 2-229

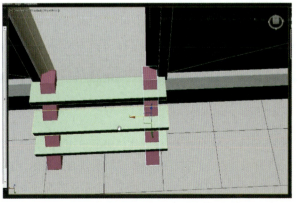

图 2-230

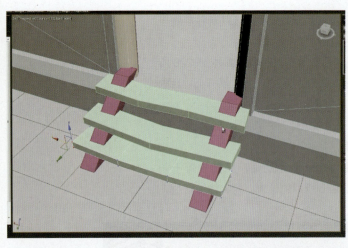

图 2-231

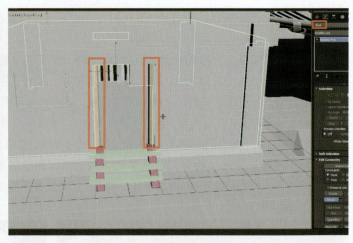

图 2-232

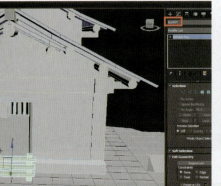

图 2-233

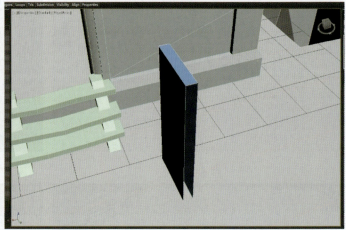

图 2-234

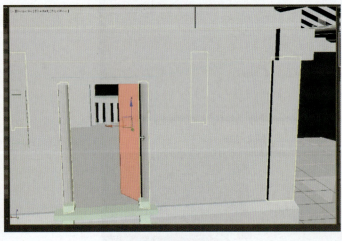

图 2-235

图 2-236

（43）选择物体"zhuzi001"，展开 UV 后独立复制一个，并放置于图 2-237 所示的位置。新建立一个圆柱形物体，如图 2-238 所示，将其转化为多边形后，调整其外形，如图 2-238 所示。将图 2-239 所示面分离成一个元素物体，调整分离的布线后，将整个桶形物体放置于图 2-240 所示的位置，并取名为"shuitong"。

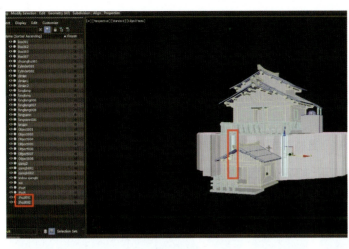
图 2-237

图 2-238

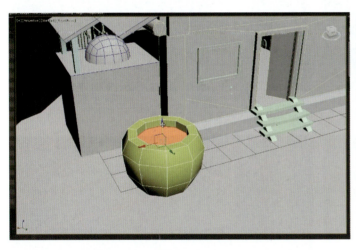
图 2-239

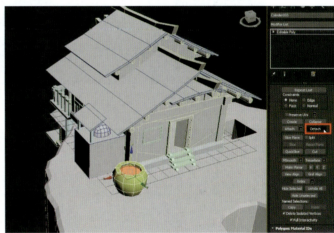
图 2-240

（44）新建一个圆柱形物体，将其转化为多边形，如图 2-241 所示，调整其外形后如图 2-242 所示。

图 2-241

图 2-242

（45）创建两个 box 物体，分别放置于图 2-243 所示的位置；再创建一个 box 物体，将其转化为多边形，并删除其顶面及底面后放置于图 2-244 所示的位置，展开 UV 后复制一个放置于图 2-245 所示的位置。

（46）新建一个 box 物体，将其转化为多边形后删除其顶面，并放置于图 2-246 所示的位置，展开 UV 后，独立复制并放置于另一侧面如图 2-246 所示位置。

（47）新建一个 box 物体，将其转化为多边形后放置于图 2-247 所示的位置，再新创建一 box 物体，将其转化为多边形后展开 UV，独立复制并放置于图 2-248 所示的位置。

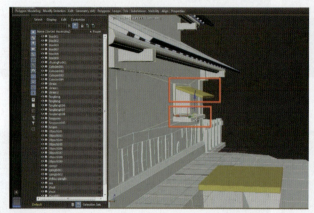

图 2-243

图 2-244

图 2-245

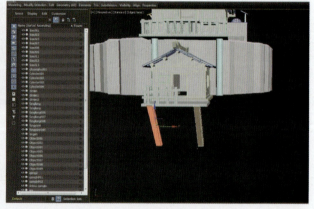

图 2-246

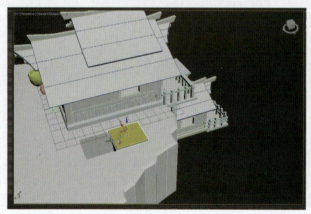

图 2-247

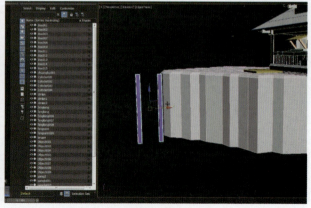

图 2-248

(48）新建一个 box 物体，将其转化为多边形，调整外形后放置在图 2-249 所示的位置，展开 UV 后，独立复制多个并放置于图 2-250 所示的位置，调整其外形后，效果如图 2-251 所示；然后将所有楼梯形状物体结合成一个多边形，取名为"louti"，如图 2-252 所示；最后将其放置于图 2-253 所示的位置。

（49）选择物体"chuanghu001"，将图 2-254 所示其余窗户物体结合成一个物体，同理，将其他形状相似物体也结合起来，使得场景中的物体简洁明了，具体结合后命名详见网盘项目文件 fangzi.max，最后按快捷键 Ctrl+A 选中场景中所有物体，全部赋予默认材质后，效果如图 2-255 所示。

（50）按快捷键 Ctrl+S 快速保存文件，文件名还是 fangzi.max，详细结合物体见网盘项目文件 fangzi.max，文件路径："手绘 3D 项目实战"项目资料 →项目文件 →项目 2 游戏场景与制作→游戏建筑→max → fangzi.max。

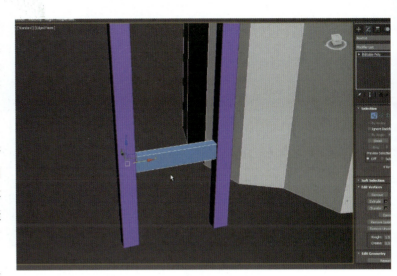

图 2-249

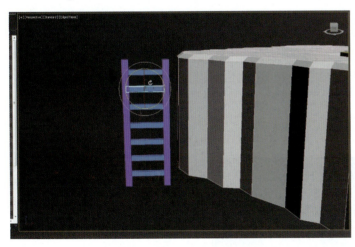

图 2-250

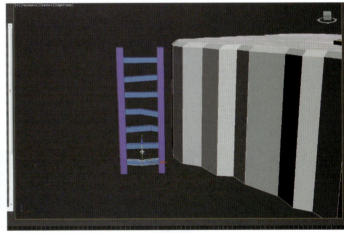

图 2-251

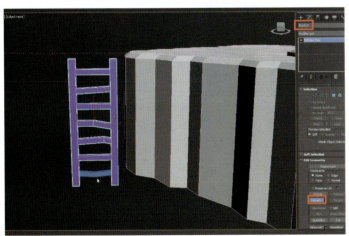

图 2-252

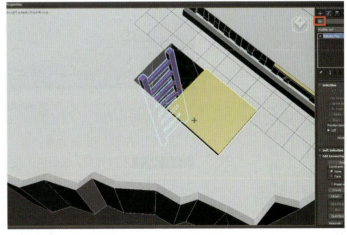

图 2-253

图 2-254

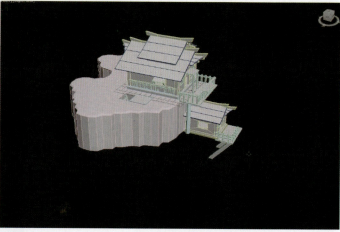
图 2-255

2.3 场景建筑 UV 展开

　　游戏场景 UV 展开的特殊性：由于游戏场景物体较多，会有很多相同的物体，例如，场景中房梁、栏杆、柱子、窗户、植被等。为了节约制作时间，对这些相同的物体需要先进行 UV 展开，再进行复制，这样物体的 UV 将会相同，为接下来的贴图制作做好准备。

　　【说明】为了展现更清晰的制作流程，下面将制作场景模型过程中进行的 UV 展开步骤一起进行介绍，本节从第（1）至第（27）步骤为读者们讲解本章节重复模型的 UV 展开（可参考视频"手绘3D 项目实战"项目资料→视频教程→项目 2　游戏场景与制作 2 场景 UV）。

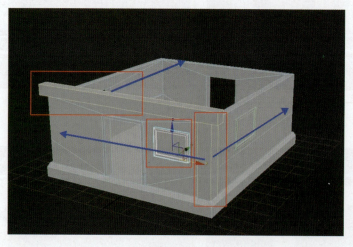
图 2-256

　　（1）在模型制作过程中，应首先分析哪些模式是可以共同使用一张贴图的，在重复的模型复制前将 UV 展开，这样可以使模型 UV 相同，不用重复展开 UV，从而节约大量时间。选择图 2-256 所示红框标记所示的物体，图示房子模型有 2 根横向的房梁，4 根垂直的柱子，3 扇相同造型的窗户，这些模型的 UV 是可以共用的，可以在复制模型前将它们的 UV 展开。模型 UV 展开后将其复制到蓝线标记处，效果如图 2-257 所示。

　　（2）UV 展开步骤讲解。在"Modify"（修改）面板"Edit UVs"（编辑 UV）卷展栏中，单击 Open UV Editor …（打开 UV 编辑器）按钮，弹出"Edit UVWs"（编辑 UVWs）窗口，单击窗口下方的（边）按钮激活 UV 边，选中窗户的边，单击焊接并将后面的阈值调至"10"，焊接所有的边，如图 2-258 所示，继续在"Edit UVWs"（编辑 UVWs）窗口下方单击顶点按钮激活 UV 顶点，选择窗户的顶点，单击"Edit UVWs"（编辑 UVWs）窗口上方的"Tools"菜单，在下拉菜单列表中执行"Relax"（松弛）指令，如图 2-259 所示，在弹出的 Relax Tool（松弛工具）窗口中单击 Start Relax（开始松弛按钮,待完全松弛后再单击 (停止松弛)按钮结束松弛,关闭"Relax Tool"(松弛工具)窗口,展开效果如图 2-260 所示。

(3)柱子 UV 展开。使用步骤(2)展开 UV 的办法,展开柱子 UV。注意:这里为了使场景更加丰富,让 4 根柱子 UV 分别共用两块 UV,如图 2-261 所示。UV 展开后,复制另外两根柱子,效果如图 2-262 所示。

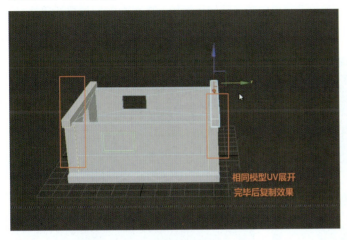

图 2-257

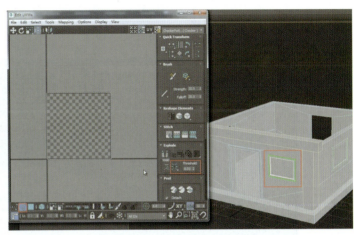

图 2-258

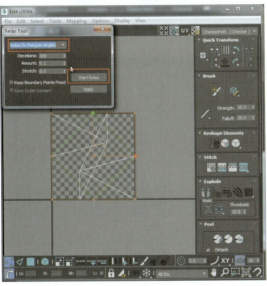

图 2-259

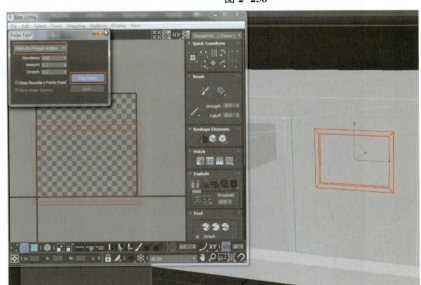

图 2-260

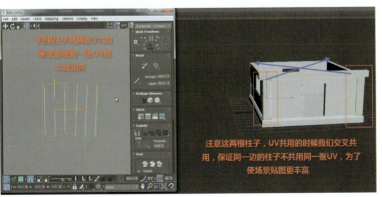

图 2-261

图 2-262

【说明】由于展开 UV 方法较为相同，对断开、缝合、打直对齐、吸附，以及激活点线面工具命令不再详细介绍，如有讲解较为模糊的知识点请参考步骤（1）～（3）。

（4）使用同样的方法展开横向房梁的 UV，如图 2-263 所示，将剪裁线剪至较隐蔽的位置。展开效果如图 2-264 所示。

（5）UV 展开后，使用工具架上的镜像工具将展开 UV 的房梁按照正确的轴向镜像过去，如图 2-265 所示。如图 2-266 所示，复制房梁并将横向的房梁使用旋转工具旋转 90°后重新调整 UV 大小。

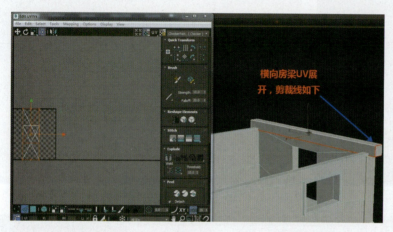

图 2-263

图 2-264

图 2-265

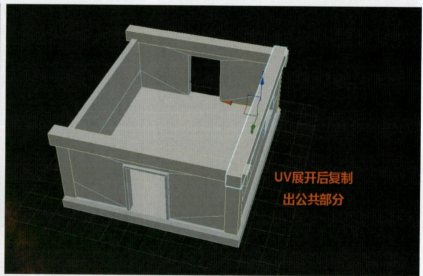

图 2-266

【说明】纵向房梁比横向房梁略长，因此形状会有些不同，所以，在此要重新对此物体进行 UV 展开，过程参考步骤（2）。

（6）选择模型中的物体如图 2-267 所示，按照图中所示的边进行剪裁，使用松弛工具将 UV 展开，效果如图 2-268 所示，将模型塌陷掉，最后将展开 UV 的模型复制到固定的位置。

（7）如图 2-269 所示，屋顶将会有瓦片遮挡着墙体上方的面，所以将看不到的面删除。按照图中所示的边进行剪裁，使用松弛工具将 UV 展开，将模型塌陷，最后将展开 UV 的模型复制到固定的位置。第一部分房梁、窗户、墙壁的 UV 已经展开，并且复制到对应的位置，如图 2-270 所示。

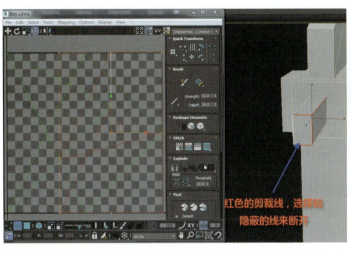
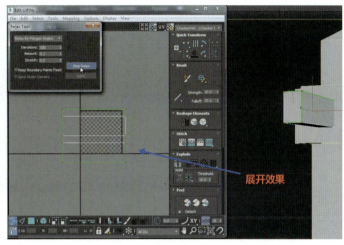

图 2-267   图 2-268

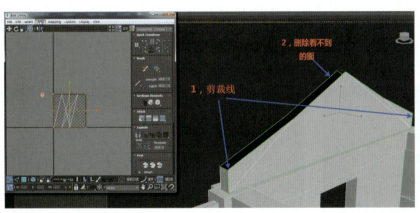

图 2-269   图 2-270

（8）如图 2-271 所示，断开图中所指示的边，删除房梁以上被瓦片遮挡的面，将 UV 边断开后使用垂直水平对齐工具对 UV 进行打直，效果如图 2-272、图 2-273 所示。激活右下角吸附工具，将图中 1 号 UV 吸附至已经打直的 2 号 UV，从而让此 UV 左右公用，UV 展开完毕后塌陷模型，将模型复制，效果如图 2-274 所示。

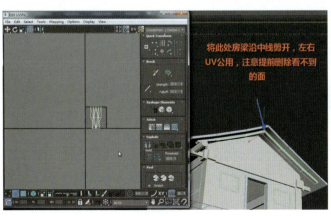
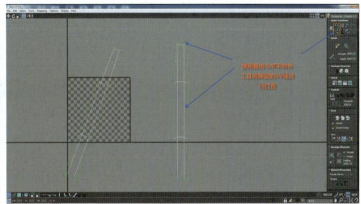

图 2-271   图 2-272

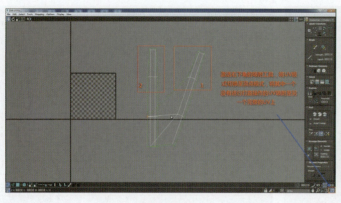 

图 2-273　　　　　　　　　　　　　　　　图 2-274

（9）选中如图 2-275 所示的圆柱体房梁，断开图中所指示的边，使用 UVW 展开将 UV 展开，展开后复制出形同的模型，如图 2-276 所示。

（10）选中如图 2-277 所示的瓦片模型，断开图中所指示的边，使用 UVW 展开将 UV 展开，展开效果图 2-278 所示；使用吸附工具让瓦片上下部分顶点公用一片 UV，如图 2-279 所示；最后将瓦片左右也共用为一个整体，如图 2-280 所示。

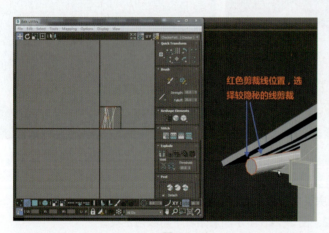 

图 2-275　　　　　　　　　　　　　　　　图 2-276

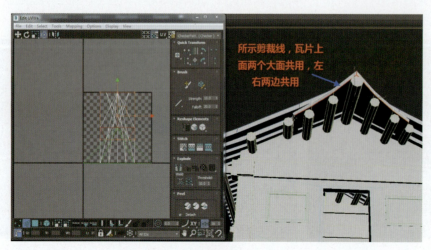 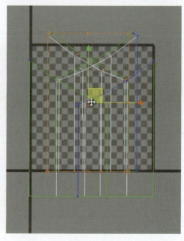

图 2-277　　　　　　　　　　　　　　　　图 2-278

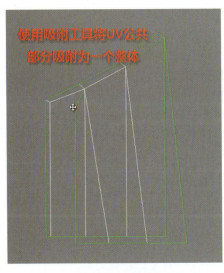
图 2-279

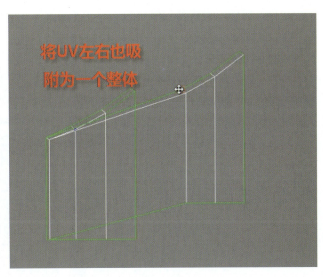
图 2-280

（11）选中瓦片下的横向房梁进行 UV 展开，展开过程见第（7）步骤，此处横向房梁大小不一，调整好 UV 之后进行复制，如图 2-281 所示；公用 UV 展开复制完成后，效果如图 2-282 所示。

（12）制作一根栏杆对其进行 UV 展开，展开效果如图 2-283 所示，展开后并复制，如图 2-284 所示。

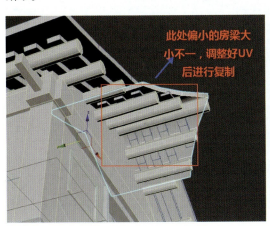
图 2-281

图 2-282

图 2-283

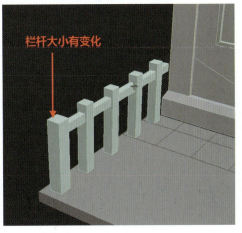
图 2-284

(13) 新建一根栏杆，并对其加线变形，如图 2-285 所示，展开效果如图 2-286 所示。

(14) 新建一根横向栏杆，并对其加线变形，如图 2-287 所示；将剪裁线剪至隐秘位置，展开效果如图 2-288 所示。

(15) 在横向栏杆下制作出栏杆，并对其加线变形，展开效果如图 2-289 所示。展开以后将混合在一起的 UV 都单独分开，如图 2-290 所示。

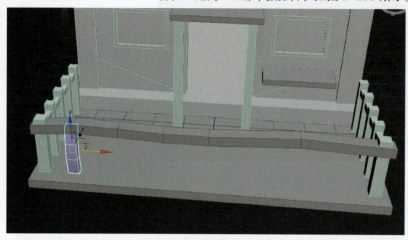

图 2-285

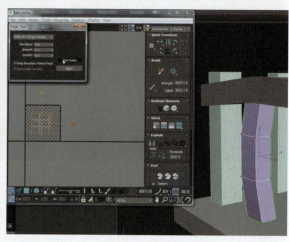

图 2-286

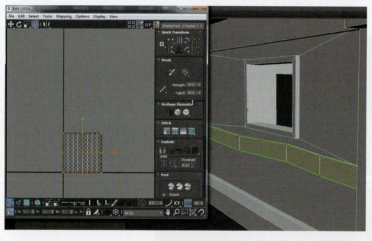

图 2-287

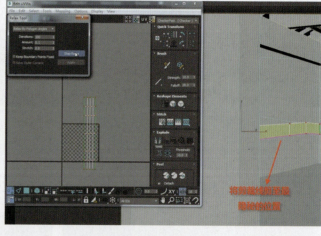

图 2-288

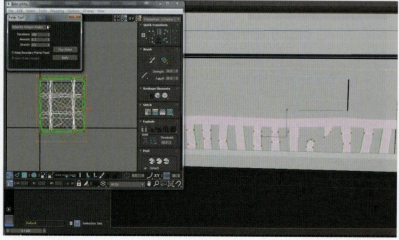

图 2-289

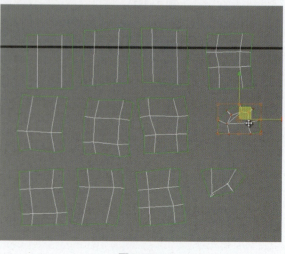

图 2-290

(16) UV 展开后复制栏杆,效果如图 2-291 所示;选中图 2-292 中所示模型,对其进行 UV 展开,展开后复制,效果如图 2-293 所示。

(17) 将房子的瓦片模型全部结合为一个整体,如图 2-294 所示,鼠标右键单击"隐藏未选定对象"命令,隐藏除瓦片以外的模型,按图 2-295 所示的剪裁线将模型剪开(可参考视频 UV1)。

(18) 断开模型边缘后,将模型 UV 展开,展开效果如图 2-296 所示,将瓦片的 UV 分别单独取出一块,对整体 UV 进行精度匹配,如图 2-297 所示。匹配结束后调整 UV 至棋盘格大小一致,如图 2-298 所示(匹配精度方法参考项目 1 介绍)。

图 2-291

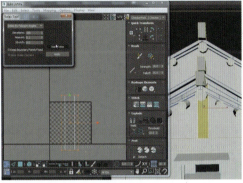

图 2-292

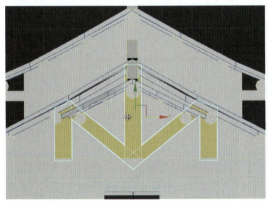

图 2-293

图 2-294

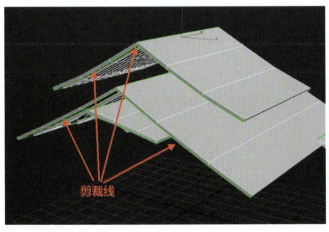

图 2-295

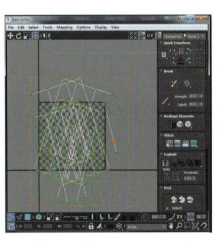

图 2-296

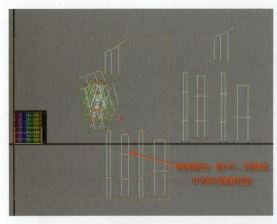
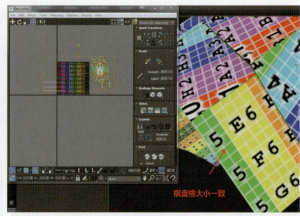

图 2-297　　　　　　　　　　　　　　　图 2-298

（19）精度对好后将瓦片 UV 放入 UV 框内，并将 UV 打直，如图 2-299 所示，UV 公共部分使用吸附工具将 UV 相同部分吸附在一起，如图 2-300 所示。

（20）将其他的瓦片 UV 使用同样的方法展开，吸附共用，如图 2-301 所示，将小块的 UV 放入 UV 框内与下面较大的 UV 共用。注意：小块瓦片 UV 也是有瓦片边缘部分的结构，所以要将边缘部分吸附在一起，如图 2-302 所示。

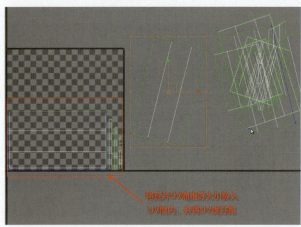

图 2-299　　　　　　　　　　　　　　　图 2-300

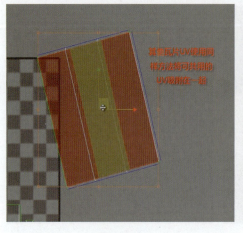
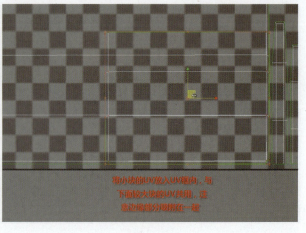

图 2-301　　　　　　　　　　　　　　　图 2-302

（21）使用相同的方法将其他 UV 放入框内，如图 2-303 所示，最后将匹配精度后多余的 UV 吸附回去，如图 2-304 所示。

（22）摆放完成效果如图 2-305 所示，棋盘格效果如图 2-306 所示。

（23）将瓦片与房梁模型结合，如图 2-307 所示。柱子与房梁已经提前展开，将它们摆放至和瓦片 UV 同一张 UV 贴图，如图 2-308 所示。

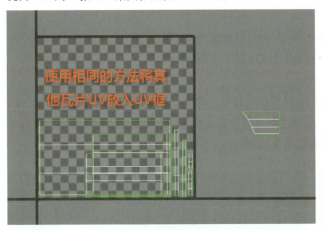

图 2-303

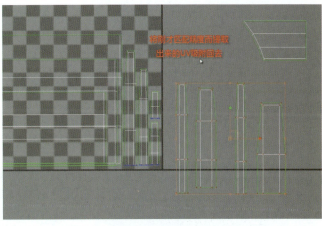

图 2-304

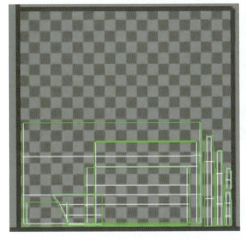

图 2-305

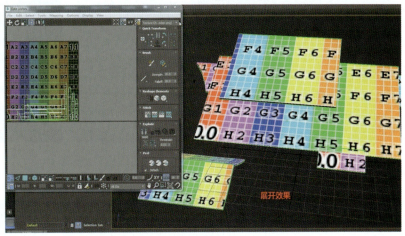

图 2-306

图 2-307

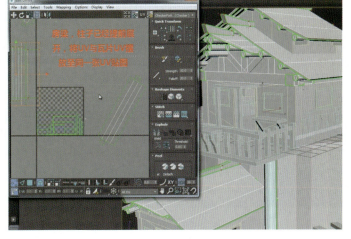

图 2-308

（24）将房梁与支撑柱子的 UV 调制与瓦片相同的精度，放置 UV 框内，如图 2-309、图 2-310 所示。

（25）展开屋顶柱子的 UV，按照如图 2-311 所示断开边缘线，展开效果如图 2-312 所示，将顶部柱子公用在一起，虽然 UV 长短不同，但公共部分还是可以共用吸附工具将其吸附在一起，如图 2-313 所示。

（26）房梁瓦片 UV 展开完成后将其隐藏，只显示房屋墙壁模型，如图 2-314 所示，选中可以相互共用的模型将其展开，如图 2-315 所示（可参考视频 UV2）。

（27）将 UV 展开后使用吸附工具将上两块 UV 吸附为一个整体，如图 2-316 所示，此时注意大房子和小房子此块模型 UV 虽然相同，但由于大小不同，我们需要将其提前分开来，如图 2-317 所示。

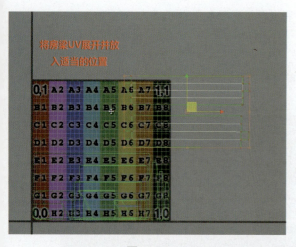

图 2-309

图 2-310

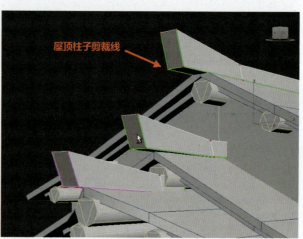

图 2-311

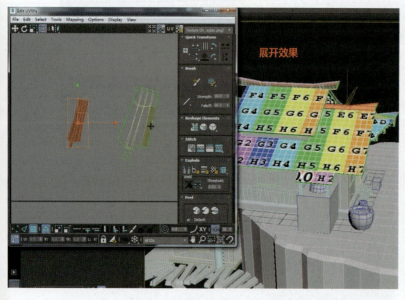

图 2-312

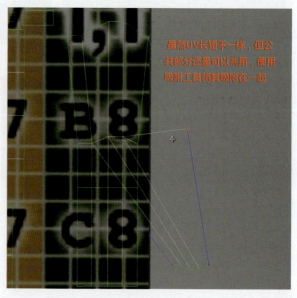

图 2-313

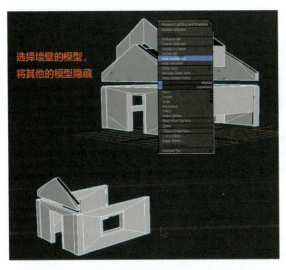
图 2-314

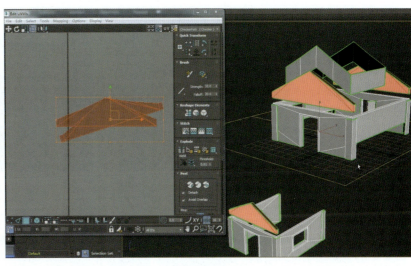
图 2-315

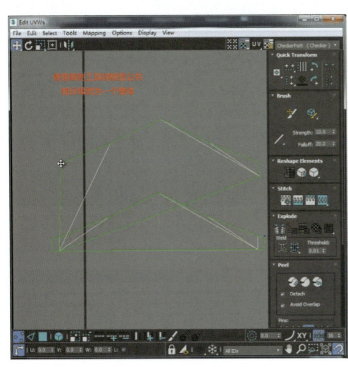
图 2-316

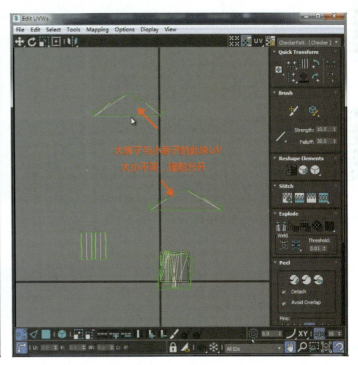
图 2-317

（28）展开房子旁边的 4 根柱子 UV，为了画贴图后使整个场景更丰富，在公用这 4 根柱子 UV 时参考图 2-318 所示的交叉共用的方法，这样在绘制贴图时候不会显得雷同。

【此方法在步骤（3）中已经介绍过。】

（29）房子墙壁 UV 参考图如 2-319 所示，将图 2-320 中所指示的线断开，墙壁可以使用相同的一块贴图，将其全部展开。

（30）根据步骤（29）所示方法断开墙壁的边，将墙壁 UV 全部展开，效果如图 2-321 所示，UV 展开后将每块墙壁 UV 匹配好精度，并将 UV 打直放入 UV 框内，效果如图 2-322 所示。

（31）墙壁材质相同，在 UV 框中选取一部分，仅摆放墙壁 UV 高低对齐，如图 2-323 所示，摆放完成的最终效果如图 2-324 所示。

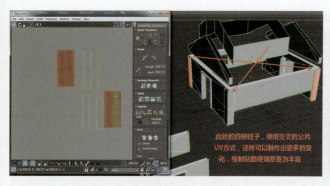
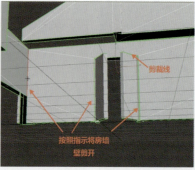
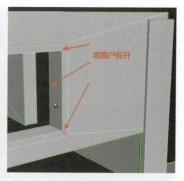

图 2-318　　　　　　　　　　　　　　图 2-319　　　　　　　　　　　　　　图 2-320

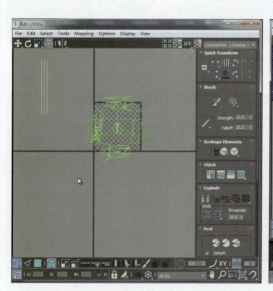
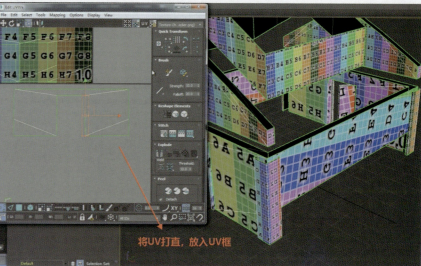

图 2-321　　　　　　　　　　　　　　　　　　　　图 2-322

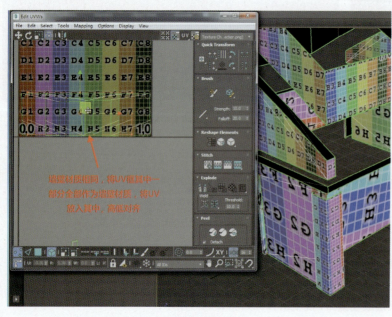
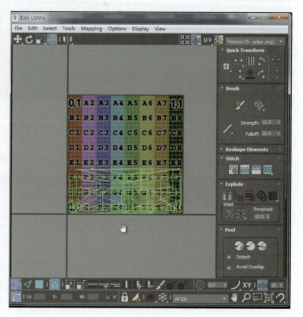

图 2-323　　　　　　　　　　　　　　　　　　　　图 2-324

(32)将展开的柱子 UV 放入 UV 框,如图 2-325 所示;打开棋盘格比对一下 UV 精度,效果如图 2-326 所示。

(33)将门 UV 展开,并将共用的 UV 吸附为一个整体,效果如图 2-327 所示;将 UV 放入 UV 框充分利用 UV 空间,效果如图 2-328 所示。

(34)使用相同的办法展开小房子的 UV 并打直,将其放入 UV 框,效果如图 2-329、图 2-330 所示。

(35)将窗户 UV 展开、打直并将其放入 UV 框,展开效果如图 2-331 所示,放入效果如图 2-332 所示。

图 2-325

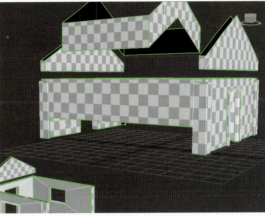

图 2-326

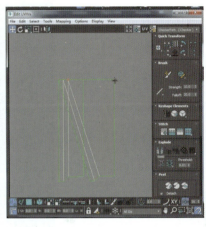

图 2-327

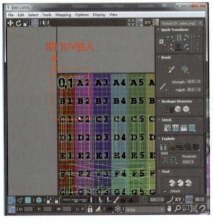

图 2-328

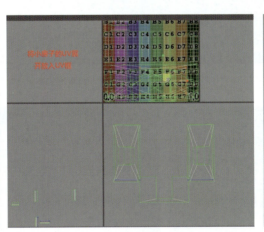

图 2-329

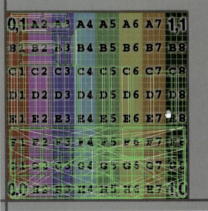

图 2-330

图 2-331

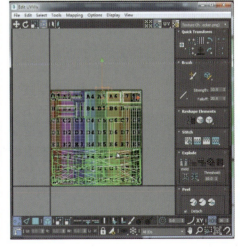

图 2-332

（36）将 UV 摆放完毕后，有些空隙的地方可以摆放较小的 UV，效果如图 2-333 所示，最终效果如图 2-334 所示。

（37）将瓦片模型与房梁模型结合成一个整体，如图 2-335 所示；将第一张瓦片 UV 框内空间利用完整，效果如图 2-336 所示。

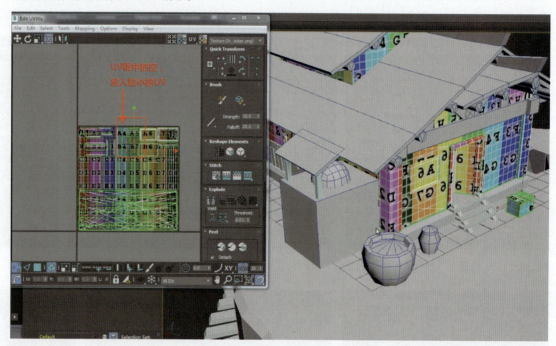

图 2-333

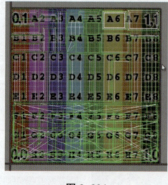

图 2-334

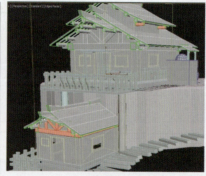

图 2-335

图 2-336

（38）选中模型中的地面模型和一些桌子、棚，将其他模型隐藏掉，效果如图 2-337 所示，将地面模型 UV 断开，效果如图 2-338 所示，地面四周的面可以共用（可参考视频 UV3）。

（39）这些 UV 将底面与顶面 UV 共用虽然看不到但也不能空，按照图 2-339 所示，将边缘断开，将模型 UV 展开，效果如图 2-340 所示。

（40）如图 2-341、图 2-342 所示，将模型底面与顶面共用，使用吸附工具将其吸附在一起，并使用对齐工具将 UV 打直。

（41）将地面四周的面吸附为一个整体，如图 2-343 所示，将展开的所有 UV 全部打直，效果如图 2-344 所示。

（42）打开棋盘格显示，将模型 UV 精度统一，匹配精度效果如图 2-345、图 2-346 所示，保证模型表面棋盘格大小相同。

项目 2 游戏场景与制作——以场景建筑为例

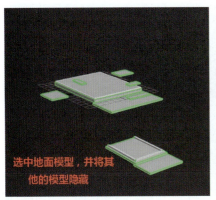

图 2-337

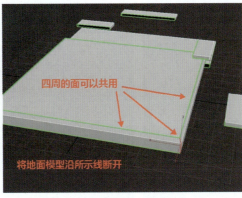

图 2-338

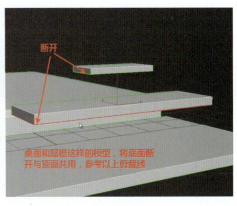

图 2-339

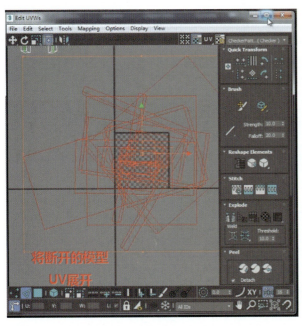

图 2-340

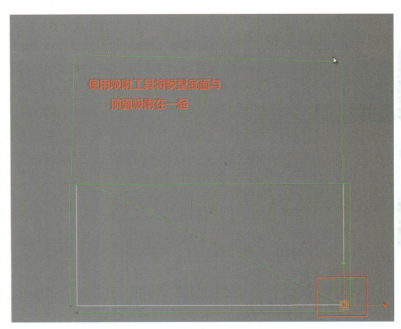

图 2-341

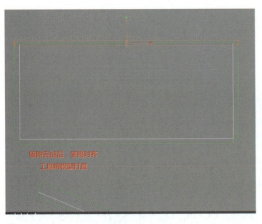

图 2-342

图 2-343

图 2-344

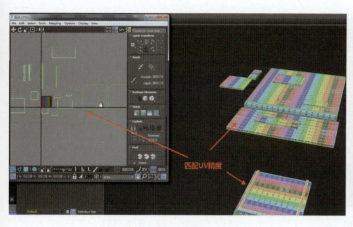
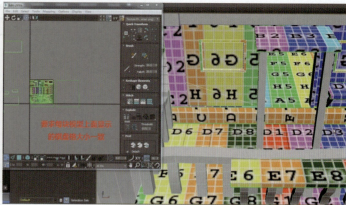

图 2-345　　　　　　　　　　　　　　　图 2-346

（43）将匹配好精度大小的 UV 放入 UV 框，材质相同的 UV 均可共用。先将大块 UV 放入框，可共用的小块的 UV 叠加上去，如图 2-347、图 2-348 所示。

（44）将地面 UV 全部摆放完整，并保证精度统一，效果如图 2-349、图 2-350 所示。

（45）选择模型中栏杆类等模型，将地面模型与栏杆类模型结合成一个整体，再将其余模型隐藏，如图 2-351 所示，在制作模型时，由于栏杆数量较多，已提前将 UV 展开，这时只需将栏杆 UV 精度匹配完整放入 UV 框即可，如图 2-352 所示。

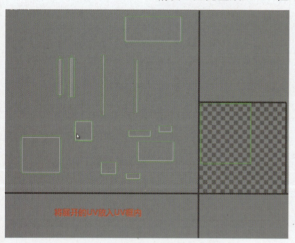
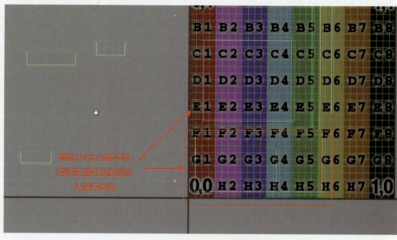

图 2-347　　　　　　　　　　　　　　　图 2-348

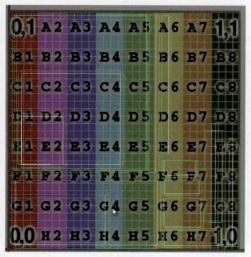
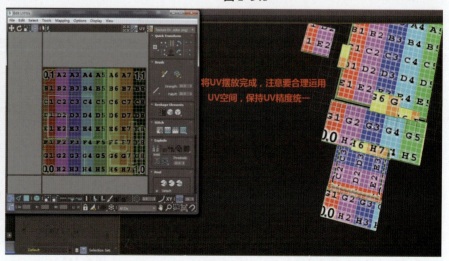

图 2-349　　　　　　　　　　　　　　　图 2-350

图 2-351

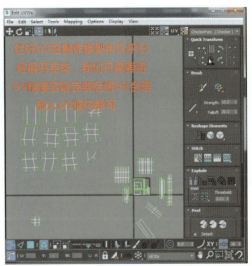
图 2-352

（46）楼梯模型较多，选中其中一部分模型在 UV 中将其分开，分开模型时不共用同一张 UV 贴图，能使贴图更丰富。栏杆同理，将其共用的 UV 分成 2～3 块，如图 2-353 所示，展开后将所有的栏杆 UV 放入 UV 框内，摆放完成效果如图 2-354 所示。

（47）至此，房子整体的模型已经展开完成，还有些剩余的零碎部件将其放入另一张新的 UV。

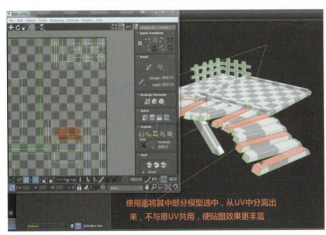
图 2-353

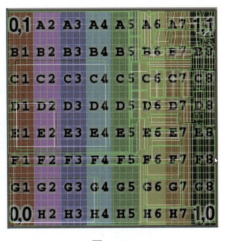
图 2-354

2.4　场景建筑贴图绘制

（1）在 3ds Max 中打开房子模型，单击选中需要贴图的房子模型，如图 2-355 所示。在 3ds Max 右侧菜单中单击 Modifier List 按钮选择"Unwrap UVW"（展开 UVW）修改器中的 Open UV Editor... ，打开"Edit UVWs"（编辑 UVW）编辑器。展开 UV 后选择 tools（工具）菜单下的"render UVW Template"（渲染 UV 模板），如图 2-356 所示。在弹出的选项框中将宽度和高度修改为"512 像素，"单击"RenderOutput"按钮，保存为 UV1.png 文件。

（2）双击打开 PS 单击菜单栏 文件(F) 中的新建选项，在弹出的窗口中将宽度和高度修改为"512 像素"，单击"确定"按钮保存，如图 2-357 所示，保存文件为 UV1.psd。

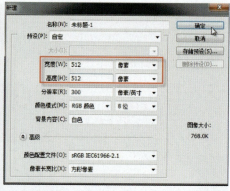

图 2-355　　　　　　　　　图 2-356　　　　　　　　　图 2-357

（3）在 PS 中单击 文件(F) 按钮，再在下拉菜单中选择 置入(P) 按钮，选择步骤 1 保存的 UV1.png 文件，效果如图 2-358 所示。在 PS 右侧的图层窗口中单击 按钮锁定 UV1 图层，单击 按钮，在拾色器中将颜色调整为灰色，如图 2-359 所示，按住 Alt+Delete 键填充背景色为灰色，效果如图 2-360 所示。

（4）选择 文件(F) 中的新建选项，在弹出的窗口中将宽度和高度修改为 "512 像素"，单击 "确定" 按钮，再单击 按钮，在拾色器中将颜色调整为黄色，如图 2-361 所示。

（5）单击右侧 按钮新建图层，在拾色器中选择深一号黄色，按住 Shift 键画一条竖线，如图 2-362 所示，单击 按钮，按住 Alt 键和鼠标左键，拖动竖线平均排列，效果如图 2-363 所示。鼠标右键单击右侧新建图层，选择向下合并，如图 2-364 所示。

（6）单击 （矩形选择工具）按钮，框选图 2-365 中的位置，在 PS 右侧工具栏中单击 （亮度/对比度）按钮，并将亮度调整为 "−53"，如图 2-366 所示。使用同样的方法依次在竖线两旁加上阴影色效果，如图 2-367 所示。

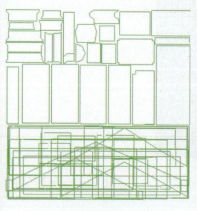
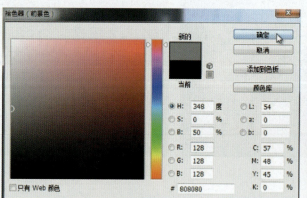

图 2-358　　　　　　　　　图 2-359　　　　　　　　　图 2-360

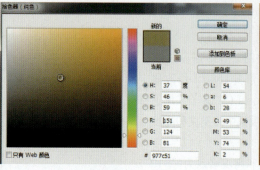

图 2-361　　　　　图 2-362　　　　　图 2-363　　　　　图 2-364

图 2-365　　　　　　　　　图 2-366　　　　　　　　　图 2-367

（7）单击■（矩形选择工具）按钮，框选图 2-368 中的位置。单击吸管工具吸取中间固有色，再将颜色改为浅黄色，如图 2-369 所示。单击■（左侧画笔工具）按钮，设置画笔的不透明度为"37"，将画笔硬度调为"0%"，如图 2-370 所示。单击右侧■图标，打开画笔预设窗口并勾选■ 传递 ■选项，在图 2-371 位置绘制高光，按住 Alt 键将高光按顺序排列，如图 2-372 所示。

（8）在 PS 工具选择■（渐变工具），选择"横向渐变"，单击红框处■■■■■激活渐变编辑器。选择颜色效果，如图 2-373 所示，在图片中心位置从上到下拉出渐变并选择正片叠底模式。然后将不透明度从"37%"改为"20%"，贴图绘制过程如图 2-374 至图 2-376 所示。

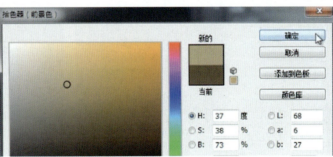
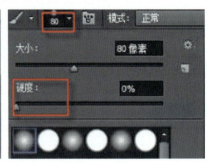

图 2-368　　　　　　　　　图 2-369　　　　　　　　　图 2-370

图 2-371　　　　　　　　　图 2-372　　　　　　　　　图 2-373

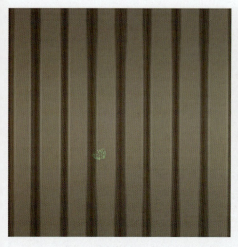
图 2-374

增加贴图明暗关系
图 2-375

加深细节部分的绘制
图 2-376

（9）将图 2-376 中画好的贴图拖动至 UV1.psd，如图 2-377 所示，按住 Alt 键依次排布，其效果如图 2-378 所示。

【说明】将长宽像素小的贴图放大，仔细刻画，绘制完成后再缩小置入像素较大的贴图文件中，此种画法常称为"以大画小"，这样容易刻画出较小的局部细节。

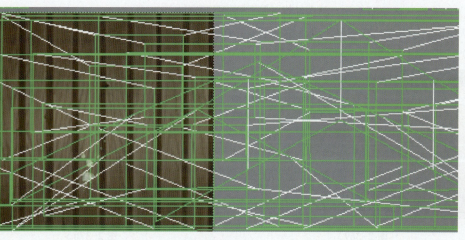
图 2-377

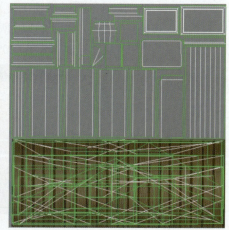
图 2-378

（10）按快捷键 Ctrl+S 保存文件（文件路径："手绘 3D 项目实战"项目资料→项目文件→项目 2 游戏场景与制作→游戏建筑→maps→UV1.psd）。打开 3ds Max，单击 ■（打开材质）按钮。在弹出的选项框中选择 Diffuse: ■，在窗口中找到刚刚保存的 UV1.psd 贴图，单击"Open"按钮打开，即可从 3ds Max 中看到材质的效果，如图 2-379 所示。

（11）切换回 PS，在右侧整理排列图层，选择贴图所在图层，单击 ■（框选工具）按钮，选择当前绘制的贴图，如图 2-380 所示。选择画笔工具并将不透明度降低为"37%"，对贴图的颜色进行调整和进一步的细节刻画，效果如图 2-381 所示。

（12）打开图层 UV1 的显示，单击 ■ 按钮新建图层，选择新建的图层，单击 ■（框选工具）按钮，框选范围如图 2-382 所示，选择 ■（填充工具）并在右上角将颜色更改为棕色 ■，RGB 值为 R124、G80、B57，然后在框选区域内单击填充颜色效果，如图 2-383 所示。选择 ■（矩形工具），框选图 2-384 所示的位置，在 PS 右侧工具栏中选择 ■ 按钮，并将亮度调整为"-58"，如图 2-385 所示。

图 2-379

图 2-380

图 2-381

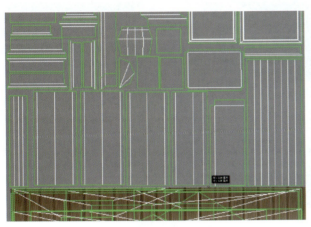
图 2-382

图 2-383

图 2-384

图 2-385

（13）单击 按钮新建图层，选择新建的图层并单击 （框选工具）按钮，框选范围如图 2-386 所示，将画笔大小选择为"2 像素"，选择 并将不透明度改为"75"。单击 按钮在弹出的菜单中勾选 选项。开始对选中区域进行绘制，绘制效果如图 2-387 所示。

（14）单击 按钮新建图层，选择新建的图层，单击 （渐变工具）按钮，并在右侧选择正片叠底，将不透明度改为"30%"，选择贴图所在图层，按住 Alt 键拖动依次排列到图 2-388 所示的位置，然后进行进一步绘制，绘制效果如图 2-389 所示。打开 3ds Max 就可以看到房柱贴图效果，如图 2-390 所示。

（15）单击 按钮新建图层，选择新建的图层并单击 （框选工具）按钮，框选范围如图 2-391 所示。选择 （填充工具）并在右上角更改颜色为棕色 ，RGB 值为 R98、G62、B26，然后在框选区域内单击填充颜色，效果如图 2-392 所示。

| 图 2-386 | 图 2-387 | 图 2-388 |

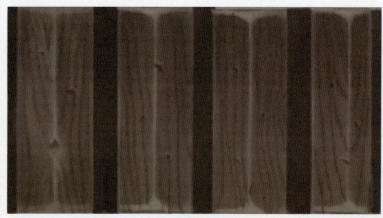

图 2-389

图 2-390

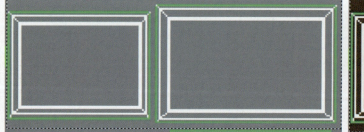

图 2-391

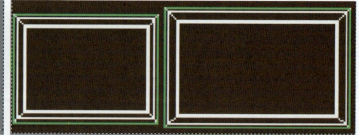

图 2-392

（16）使用 ☾（套索工具）选择图 2-393 所示的位置，在 PS 右侧工具栏中单击 ◉（亮度对比度）按钮，并将亮度调整为"-42"，再次使用 ☾（套索工具）选择图 2-394 所示的位置，在 PS 右侧工具栏中单击 ◉ 按钮，并将亮度调整为 48。

（17）在图 2-395 所示的位置选择 ◈（填充工具），并在右上角将颜色更改为棕色 ■（RGB 值为 R134、G100、B59），然后在框选区域内单击，填充颜色后效果如图 2-396 所示。

（18）在 ■ 右上角变更颜色为棕色（RGB 值为 R75、G48、B20），在框内绘制阴影，并单击 ▦（框选工具）按钮，选择内框，并将颜色改为灰色（RGB 值为 R185、G181、B161），效果如图 2-397 所示。调整画笔对贴图细节部分进行绘制，绘制效果如图 2-398 所示。

（19）在 ■ 右上角变更颜色为棕色（RGB 值为 R111、G70、B29），在贴图中绘制窗户竖线，并按住 Alt 键将绘制的线条依次拖动排列，效果如图 2-399 所示。排列完毕后，选择其中一条竖线，按快捷键 Ctrl+T，使用变形工具将竖线翻转 90°，使之成为横线，并依次拖动排列，效果如图 2-400 所示。

项目 2　游戏场景与制作——以场景建筑为例　137

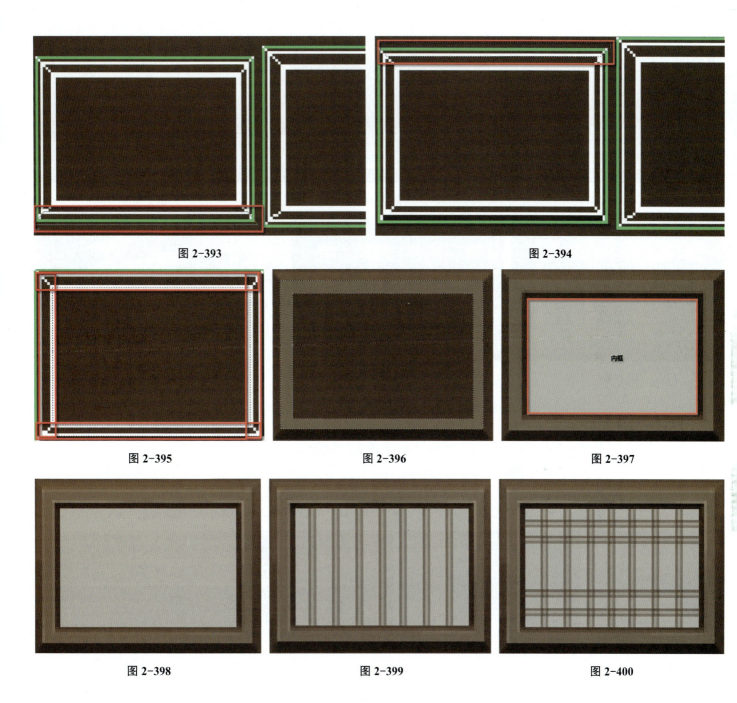

图 2-393　　　　　　　　　　　　　　　　　　图 2-394

图 2-395　　　　　　图 2-396　　　　　　图 2-397

图 2-398　　　　　　图 2-399　　　　　　图 2-400

（20）绘制完贴图窗户栅格后，再对窗户的细节进行补充绘制，最终窗户的绘制效果与贴图展示如图 2-401 所示。

（21）使用 ![套索] （套索工具）选择图 2-402 所示的位置，在 ![色块] 右上角变更前景色为棕色（RGB 值为 R128、G95、B54），按 Alt+Delete 键填充前景色，再选中图 2-403 所示的位置，在 ![色块] 右上角变更颜色为棕色（RGB 值为 R134、G100、B59），按 Alt+Delete 键填充前景色，并选中内框填充灰色（RGB 值为 R185、G181、B161）。

（22）选择 ![画笔] （画笔工具）在画框内绘制栅格并按住 Alt 键依次拖动排列，效果如图 2-404 所示；再单击 ![框选] （框选工具）按钮，选择图 2-405 所示的位置，接着选中区域内绘制窗格阴影，并绘制添加高光部分，窗户最终效果如图 2-406 所示；打开 3ds Max 就可看到效果，如图 2-407 所示。

图 2-401

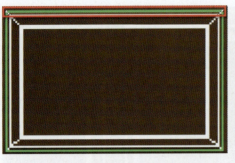
图 2-402

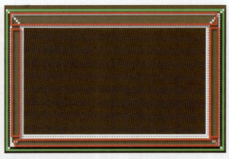
图 2-403

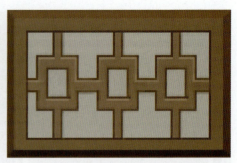
图 2-404

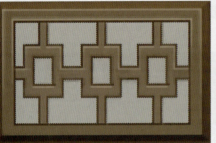
图 2-405

图 2-406

图 2-407

（23）按住 Alt 键拖动绘制的窗格到图 2-408 的位置并完成边缘填色。

（24）单击▦（框选工具）按钮，选择图 2-409 所示的位置，在▦右上角更变前景色为棕色（RGB 值为 R130、G90、B67），按 Alt+Delete 键填充前景色。

（25）单击▦（框选工具）按钮，框选图 2-410 中的红框位置，按 Alt+Delete 键填充前景色，RGB 值为 R130、G90、B67，单击右侧◉按钮，降低亮度至"-33"；单击▦（框选工具）按钮，框选图 2-411 中红框位置，按 Alt+Delete 键填充前景色，RGB 值为 R130、G90、B67，单击右侧◉按钮，提高亮度至"36"。

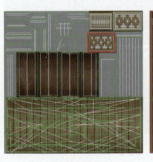
图 2-408

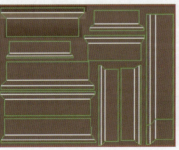
图 2-409

图 2-410

（26）对图 2-411 进行绘制，效果如图 2-412 所示，单击▦（框选工具）按钮，框选图 2-413 中红框位置，按 Alt+Delete 键填充前景色（RGB 值为 R130、G90、B67），单击右侧◉按钮，降低亮度至"-33"。

（27）单击▦（框选工具）按钮，框选图 2-414 中红框位置，按 Alt+Delete 键填充前景色，RGB 值为 R130、G90、B67，单击右侧◉按钮，提高亮度至"36"。对图 2-414 进行绘制，效果如图 2-415 所示。

（28）单击▦（框选工具）按钮，框选图 2-416 中红框位置，按 Alt+Delete 键填充前景色（RGB 值为 R130、G90、B67），单击右侧◉按钮，降低亮度至"-33"；单击▦（框选工具）按钮，框选图 2-417 中的红框位置，按 Alt+Delete 键填充前景色（RGB 值为 R130、G90、B67），单击右侧◉按钮，提高亮度至"36"。

（29）对图 2-417 进行绘制，效果如图 2-418 所示。完成图 2-418 的绘制后返回 3ds Max 中即可看到窗格效果，如图 2-419 所示。

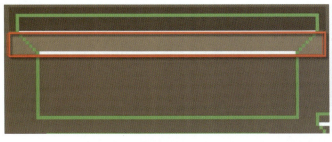

图 2-411　　　　　　　　　　　　　　　　图 2-412

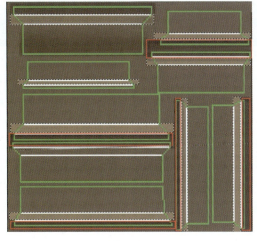
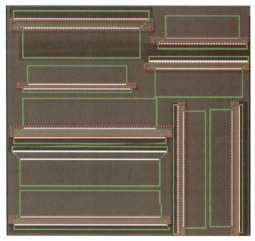

图 2-413　图 2-414　图 2-415　　　图 2-416　　　　　　　图 2-417

（30）单击 文件(F)（文件）按钮，选择"新建"，在弹出的选项框中单击"确定"按钮，在新建的页面中按 Alt+Delete 键填充前景色（RGB 值为 R130、G90、B67），效果如图 2-420 所示。

（31）在右侧工具栏单击 （画笔工具）按钮，再单击 按钮，在弹出的窗口中选择 ，在下拉菜单中选择"书法画笔"，选择图 2-421 中所示的画笔对图 2-420 进行绘制，效果如图 2-422 所示。

（32）将新绘制的贴图放置在 UV1 视图窗口中，并将绘制的花纹拖入 UV1 视图窗口，效果如图 2-423 所示，最后将绘制的纹路调整到图 2-424 位置。

（33）单击 （框选工具）按钮，框选图 2-425 中红框位置，按 Alt+Delete 键填充前景色（RGB 值为 R130、G90、B67）；单击 （框选工具）按钮，框选图 2-426 中红框位置，按 Alt+Delete 键填充前景色（RGB 值为 R130、G90、B67），单击右侧 （选择亮度）按钮，降低亮度至"-33"；单击 （框选工具）按钮，框选图 2-427 中红框位置，按 Alt+Delete 键填充前景色（RGB 值为 R130、G90、B67），单击右侧 按钮，提高亮度至"36"，绘制后效果如图 2-428 所示。

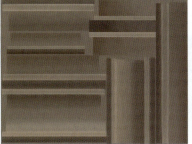

图 2-418　　　　　　　　　　　图 2-419

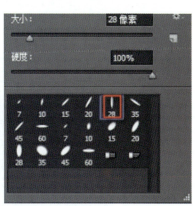

图 2-420　　　　　　　　　　　图 2-421

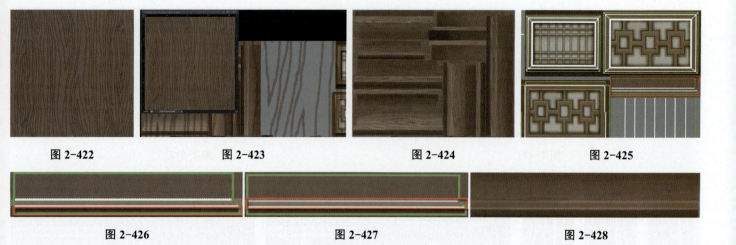

图 2-422　　　　　　图 2-423　　　　　　图 2-424　　　　　　图 2-425

图 2-426　　　　　　　　图 2-427　　　　　　　　　　图 2-428

（34）单击 ▦（框选工具）按钮，框选图 2-429 所示中的红框位置，按 Alt+Delete 键填充前景色（RGB 值为 R124、G86、B62），并对图 2-428 位置进行绘制，效果如图 2-430 所示。

（35）单击 ▦（框选工具）按钮，选择图 2-431 位置，按 Alt+Delete 键填充前景色（RGB 值为 R129、G101、B67），并单击右侧 ◉ 按钮，降低亮度至"－45"，再对图 2-431 所示的位置进行细节绘制，效果如图 2-432 所示；返回 3ds Max 中即可看到大门贴图效果，如图 2-433 所示。

（36）单击 ▦（框选工具）按钮，选择图 2-434 位置，按 Alt+Delete 键填充前景色（RGB 值为 R51、G42、B34）；再对图 2-434 所示的位置进行细节绘制，效果如图 2-435 所示；返回 3ds Max 中即可看到酒坛贴图效果，如图 2-436 所示。

（37）单击 ▦（框选工具）按钮，选择图 2-437 位置，按 Alt+Delete 键填充前景色（RGB 值为 R51、G42、B34）；再对图 2-437 所示的位置进行细节绘制，效果如图 2-438 所示。

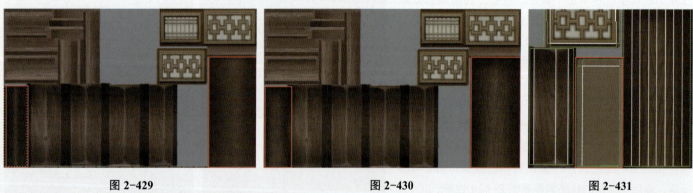

图 2-429　　　　　　　　　　图 2-430　　　　　　　　　　图 2-431

图 2-432　　　　　　　　　　图 2-433　　　　　　　　　　图 2-434

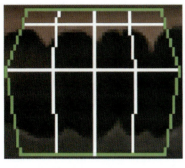   

图 2-435　　　　　　　图 2-436　　　　　　　图 2-437　　　　　　　图 2-438

（38）单击▣（框选工具）按钮，选择图 2-439 所示位置，按 Alt+Delete 键填充前景色（RGB 值为 R51、G42、B34）；再对图 2-439 位置进行细节绘制，效果如图 2-440 所示；按住 Alt 键拖动图 2-439 复制到图 2-441 位置。

（39）对图 2-439 位置继续细节绘制，效果如图 2-442 所示；单击▣（框选工具）按钮，选择图 2-441 红框位置，按住 Alt 键移动复制到图 2-443 位置，按快捷键 Ctrl+T 改变箱子形状，并完成箱子细节绘制，最终效果如图 2-444 所示；返回 3ds Max 即可看到箱子贴图效果，如图 2-445 所示。

（40）单击▣（框选工具）按钮，选择图 2-446 所示位置，按 Alt+Delete 键填充前景色（RGB 值为 R152、G119、B77）；单击▣（框选工具）按钮，选择图 2-447 所示位置，并单击右侧◉按钮，降低亮度至"-52"；对图 2-446 进行细节绘制，效果如图 2-448 所示。

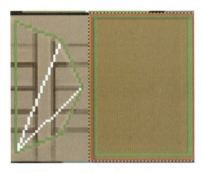  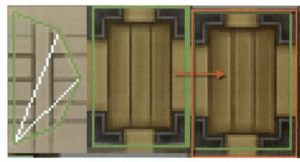

图 2-439　　　　　　　图 2-440　　　　　　　图 2-441

 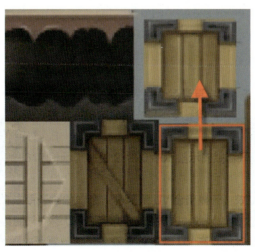 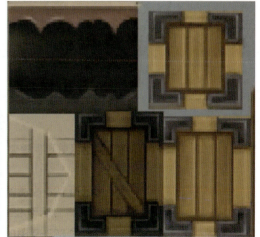

图 2-442　　　　　　　图 2-443　　　　　　　图 2-444

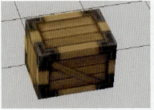
图 2-445

图 2-446

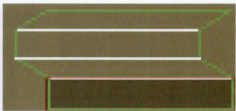
图 2-447

图 2-448

（41）至此，即完成 UV1 全部贴图绘制，按快捷键 Ctrl+S 保存为 UV1.psd（文件路径："手绘 3D 项目实战"项目资料→项目文件→项目2 游戏场景与制作→游戏建筑→ maps → UV1.psd），效果如图 2-449 所示，返回 3ds Max 中即可看到 UV1 后建筑模型的贴图效果，如图 2-450 所示。

（42）打开 3ds Max，在右侧单击 (修改) 按钮，再单击 按钮，在弹出的下拉菜单中选择 Unwrap UVW ，展开 UVW 修改器，然后在菜单栏下方单击 Open UV Editor... 按钮打开。

（43）在弹出的选项框中选择 Tools 选项，并将分辨率改为"512"，单击 Render UV Template （渲染 UV 模板）按钮，并在弹出的窗口中单击"保存"按钮导出 UV，命名为 UV2，选择 PNG 格式。

（44）在 PS 中单击 文件(F) （文件）按钮，选择（置入）选项，置入保存的 UV2 图片；在 PS 中单击选择右侧背景图层，在左侧工具栏单击 按钮选择灰色（RGB 值为 R128、G128、B128）；按 Alt+Delete 键填充前景色，效果如图 2-451 所示。

（45）单击 文件(F) （文件）按钮，选择"新建"，在弹出的选项框中单击"确定"按钮，单击右侧 （新建蒙版）按钮，在新建的蒙版上绘制砖块细节，效果如图 2-452 所示。

（46）将绘制好的贴图放置进 UV 窗口，并按住 Alt 键复制排列好，效果如图 2-453 所示；返回 3ds Max 中即可看到地面贴图效果，如图 2-454 所示。

图 2-449

图 2-450

图 2-451

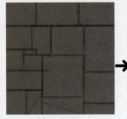
铺大色调

绘制砖块细节

图 2-452

加深细节刻画

图 2-453

图 2-454

项目 2　游戏场景与制作——以场景建筑为例　143

（47）单击"文件"按钮，在下拉菜单中选择 [置入(P)]，在弹出的路径中找到绘制好的木纹贴图，单击 [置入(P)] 按钮，在窗口中调整木纹贴图的位置，并对木纹进行绘制，效果如图 2-455 所示；在 3ds Max 中可看到贴图效果如图 2-454 所示。

（48）单击 ■（框选工具）按钮，选择图 2-456 位置，按 Alt+Delete 键填充前景色，RGB 值为（R145、G106、B63）。单击 ■（框选工具）按钮，选择图 2-457 位置，并单击右侧 ● 按钮，降低亮度至"-52"，拖动木纹图层放置图 2-456 位置，并进行修改和细节绘制，效果如图 2-458 所示。

（49）单击 ■（框选工具）按钮，选择图 2-459 位置，按 Alt+Delete 键填充前景色，RGB 值为（R140、G99、B60）。单击 ■（框选工具）按钮，选择图 2-460 所示的位置，并单击右侧 ● 按钮，降低亮度至"-52"。

（50）拖动木纹图层放置到图 2-459 所示的位置，并进行修改和细节的绘制，效果如图 2-461 所示。

（51）单击 ■（框选工具）按钮，选择图 2-462 所示的位置，按 Alt+Delete 键填充前景色，RGB 值为（R138、G103、B62）。单击 ■（框选工具）按钮，选择图 2-463 位置，并单击右侧 ● 按钮，降低亮度至"-52"，拖动木纹图层放置到图 2-462 所示的位置，并进行修改和细节的绘制，效果如图 2-464 所示；返回 3ds Max 中可看到木纹贴图效果，如图 2-465 所示。

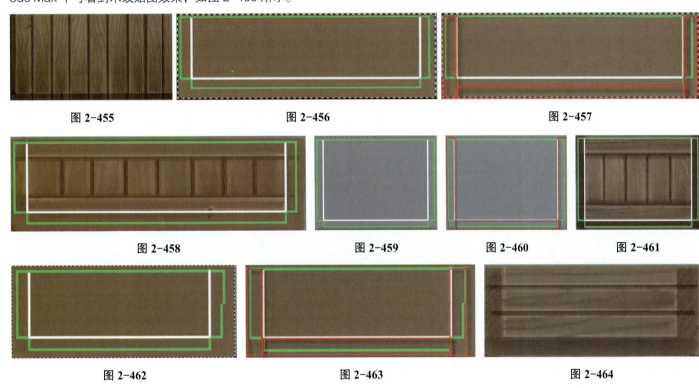

图 2-455　　图 2-456　　图 2-457　　图 2-458　　图 2-459　　图 2-460　　图 2-461　　图 2-462　　图 2-463　　图 2-464

（52）单击 ■（框选工具）按钮，选择图 2-466 红框位置进行细节绘制，效果如图 2-467 所示。

（53）框选择如图 2-468 位置，按 Alt+Delete 键填充前景色［RGB 值为（R131、G104、B73）］；并进行细节绘制，效果如图 2-469 所示；绘制完成后按 Alt 键移动复制到图 2-470 位置。

（54）单击 ■（框选工具）按钮，选择图 2-471 位置，按 Alt+Delete 键填充前景色，RGB 值为（R103、G75、B48），并进行细节绘制，绘制完成后按 Alt 键移动复制到图 2-472 位置；返回 3ds Max 即可看到楼梯贴图效果，如图 2-473 所示。

（55）单击 ■（框选工具）按钮，选择图 2-474 位置，按 Alt+Delete 键填充前景色，RGB 值为（R110、G77、B37），并进行细节绘制，效果如图 2-475 所示。

图 2-465

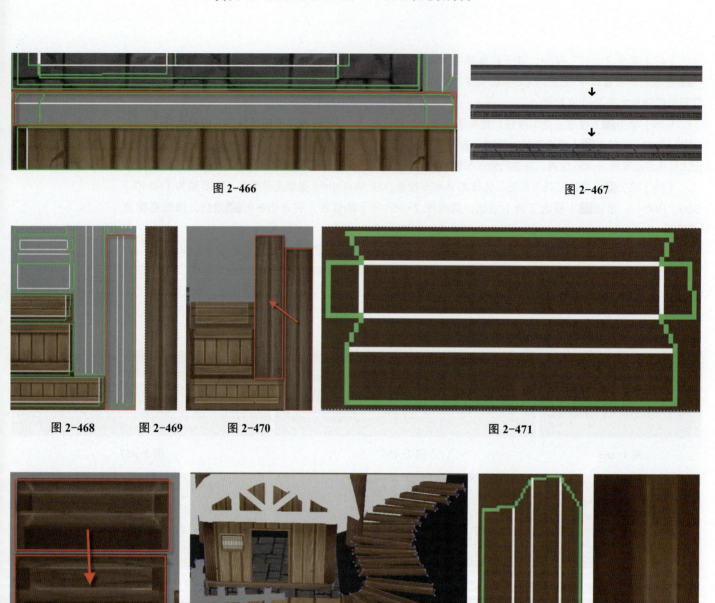

图 2-466　　　　　　　　　　　　　　　　　　图 2-467

图 2-468　　图 2-469　　图 2-470　　　　　　图 2-471

图 2-472　　　　　　图 2-473　　　　　　图 2-474　　图 2-475

（56）单击▇（框选工具）按钮，选择图 2-476 位置，按 Alt+Delete 键填充前景色，RGB 值为（R114、G82、B41），并进行细节绘制，绘制完成后按 Alt 键移动复制到图 2-477 所示的位置。

（57）单击▇（框选工具）按钮，选择图 2-478 所示位置，按 Alt+Delete 键填充前景色，RGB 值为（R114、G82、B41），并将绘制好的图 2-477 按住 Alt 键拖动到图 2-476 所示位置再进行细节绘制。效果如图 2-479 所示。

（58）单击▇（框选工具）按钮，选择图 2-480 所示位置，按 Alt+Delete 键填充前景色，RGB 值为（R114、G82、B41），并按住 Alt 键将绘制好的图 2-477 拖动复制到图 2-480 所示位置再进行细节绘制，效果如图 2-481 所示；返回 3ds Max 即可看到栏杆贴图效果，如图 2-482 所示。

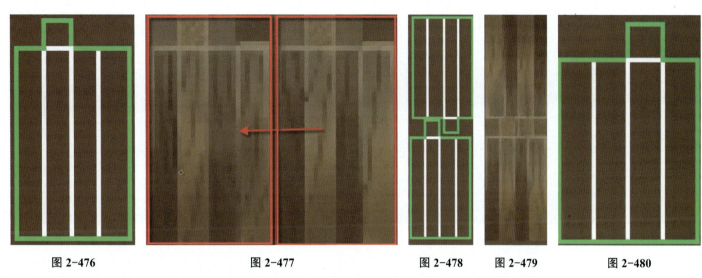

图 2-476　　　　　图 2-477　　　　　图 2-478　　图 2-479　　　　图 2-480

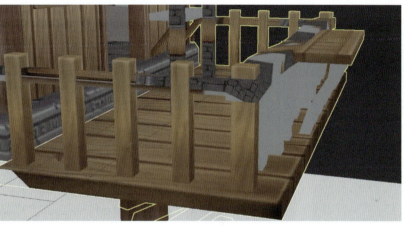

图 2-481　　　　　　　　　图 2-482

（59）单击▣（框选工具）按钮，选择图 2-483 所示的位置，按 Alt+Delete 键填充前景色，RGB 值为（R114、G82、B41），单击▣（框选工具）按钮，选择图 2-484 所示红框位置，按 Alt+Delete 键填充前景色，RGB 值为（R156、G113、B57），再进行细节绘制，效果如图 2-485 所示。单击▣（框选工具）按钮，选择图 2-486 所示红框位置，按 Alt+Delete 键填充前景色，RGB 值为（R114、G82、B41），并将绘制好的图 2-485 拖动至图 2-487 所示红框位置。

（60）对木纹细节进行绘制，效果如图 2-488 所示，单击▣（框选工具），选择图 2-489 红框位置，按 Alt+Delete 键填充前景色，RGB 值为（R115、G83、B42），再对图 2-489 进行木纹细节绘制，效果如图 2-490 所示。

（61）单击▣（框选工具），选择图 2-491 所示红框位置，按 Alt+Delete 键填充前景色，RGB 值为（R114、G82、B41），并拖动图 2-490 纹理与图 2-491 合并，再对图 2-491 进行绘制，效果如图 2-492 所示；选择图 2-493 所示的位置进行绘制，效果如图 2-494 所示。

（62）单击▣（框选工具），选择图 2-495 所示红框位置，按 Alt+Delete 键填充前景色，RGB 值为（R114、G82、B41）。再对图 2-495 进行木纹细节绘制，效果如图 2-496 所示。

（63）单击▣（框选工具）按钮，选择图 2-497 所示红框位置，并按住 Alt 键拖动复制到箭头所指位置，完成阴影绘制效果，如图 2-498 所示。

（64）单击▣（框选工具）按钮，选择图 2-499 所示的位置，按 Alt+Delete 键填充前景色，RGB 值为（R114、G82、B41），对图 2-499 进行木纹细节绘制，效果如图 2-500 所示。

图 2-483

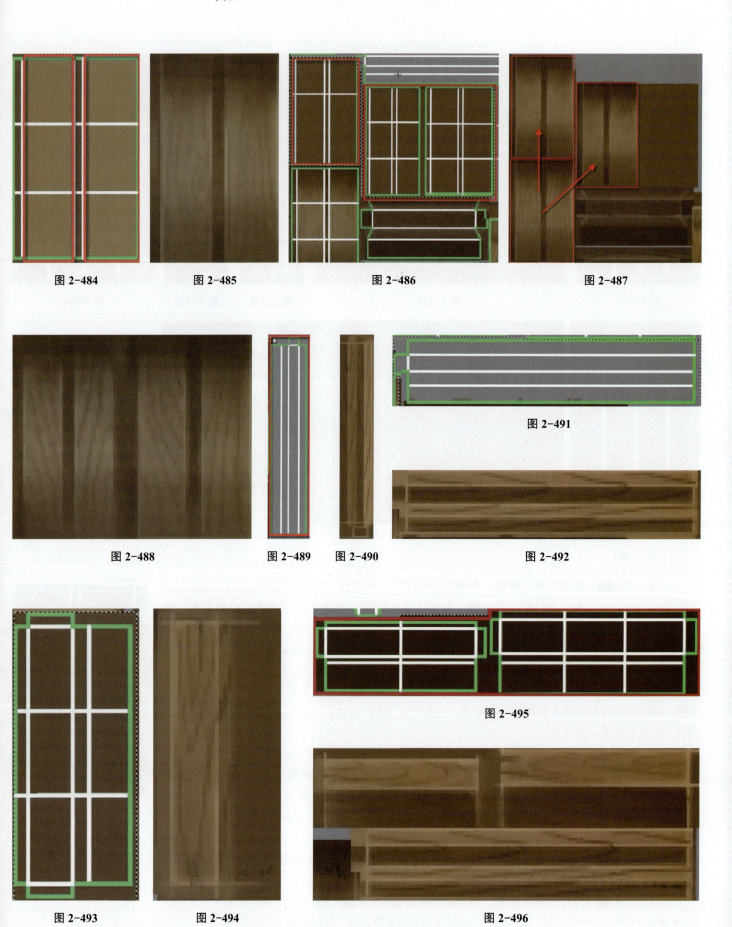

图 2-484　　　　图 2-485　　　　图 2-486　　　　图 2-487

图 2-488　　　　图 2-489　　图 2-490　　　　图 2-491

图 2-492

图 2-493　　　　图 2-494　　　　图 2-495

图 2-496

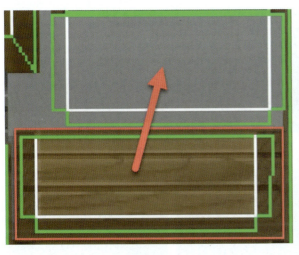  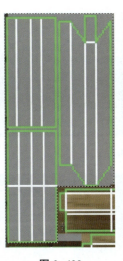 

图 2-497　　　　　　　　图 2-498　　　　　图 2-499　　　　图 2-500

（65）单击■（框选工具）按钮，选择图 2-501 所示的位置，按 Alt+Delete 键填充前景色，RGB 值为（R107、G79、B51），对图 2-501 进行木纹细节绘制，效果如图 2-502 所示；返回 3ds Max 即可看到贴图效果，如图 2-503 所示。

（66）至此，即完成 UV2 全部贴图绘制，按快捷键 Ctrl+S 保存为 UV2.psd（文件路径："手绘 3D 项目实战"项目资料→项目文件→项目 2　游戏场景与制作→游戏建筑→ maps → UV2.psd），效果如图 2-504 所示，返回 3ds Max 中即可看到 UV2 后建筑模型的贴图效果，如图 2-505 所示。

（67）单击 文件(F)（文件）按钮，选择新建选项，在弹出的选项框中选择"确定"；单击■（新建图层）按钮，单击■（创建新的填充或调整图层）按钮，在菜单中选择"纯色"，拾取颜色"深蓝色"并单击"确定"按钮，再新建图层，在工具面板中选择■（套索工具），选中"磁性套索工具"绘制出房屋瓦片形状，将绘制好的封闭图形进行■（渐变填充），图层的叠加方式为 正片叠底 ，适当修改不透明度。新建图层，在这一图层使用■（笔刷工具）对瓦片进行细节绘制，绘制效果如图 2-506 所示，将绘制好的图形复制到整个画面中，合并图层，并对图形进行细节修改；新建图层，使用笔刷工具填补中缝，绘制好后复制到每一条中缝；创建新组，将图层放置到组里面，整体贴图效果如图 2-507 所示。

（68）新建文件 tietu3，宽度 × 高度改为 1 024×1 024 像素，单击"确定"按钮。在文件下拉菜单中选择置入，置入 uv3.png 图片，修改背景颜色为灰色，将上一个 PS 文件的组移到该文件当中，调整瓦片图层位置大小如图 2-508 所示，复制瓦片图层进行排铺，如图 2-509 所示，根据展好的 UV 线框去除掉多余的地方，如图 2-510 所示。

（69）单击■（新建图层）按钮，选择图 2-510 所示红色区域，单击■（创建新的填充或调整图层）按钮，选择"亮度/对比度"，调高亮度。选中"新建图层"，在蓝色底图层蒙版进行反选，删除反选区域，如图 2-511 所示。新建图层，单击■（渐变填充工具）按钮，选好颜色，对框选区域进行填充，调整不透明度，效果如图 2-512 所示。

（70）在最初绘制瓦当的 PS 文件中继续绘制瓦当，新建图层，使用笔刷工具开始绘制瓦当，如图 2-513 所示；在 tietu3 文件中选中瓦当图层进行复制，单击■（创建新的填充或调整图层）按钮，选择"亮度/对比度"，使用■（笔刷工具）进行绘制，修改细节上的光影效果，整体效果如图 2-514 所示；进入 3ds Max 看一下贴图效果，将展开的屋顶 UV 调整一下位置，排列在绘制好的贴图上，效果如图 2-515 所示。

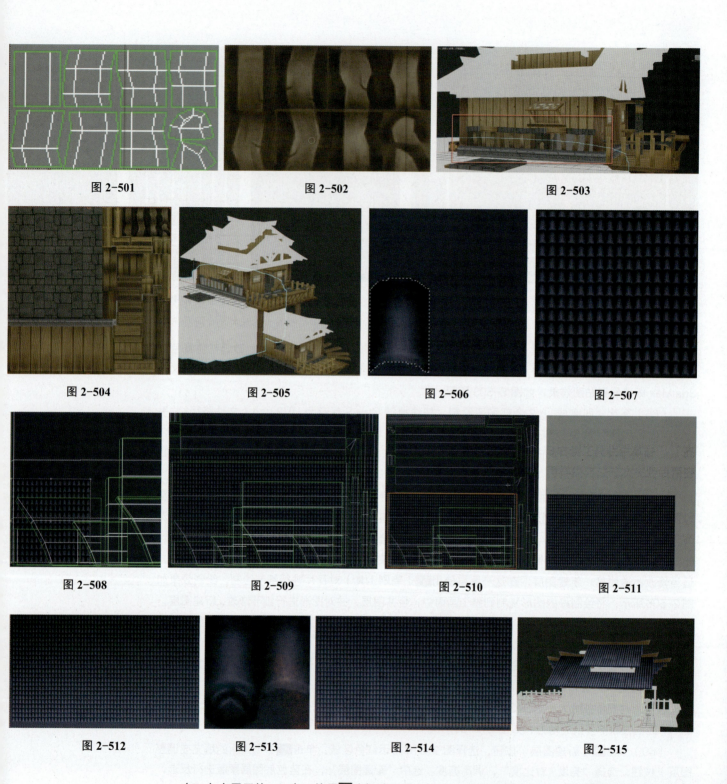

图 2-501　　　　　图 2-502　　　　　图 2-503
图 2-504　　　　　图 2-505　　　　　图 2-506　　　　　图 2-507
图 2-508　　　　　图 2-509　　　　　图 2-510　　　　　图 2-511
图 2-512　　　　　图 2-513　　　　　图 2-514　　　　　图 2-515

（71）在展开的 UV 中，使用▇（框选工具）选中房梁区域进行绘制，单击◉（创建新的填充或调整图层）按钮，在菜单中选择"纯色"，填充房梁颜色，如图 2-516 所示；新建图层，框选"亮面"，创建新的填充或调整图层，选择"亮度/对比度"，调高亮度，如图 2-517 所示；新建图层，使用▰（笔刷工具）进行绘制，细化明暗光影效果，如图 2-518 所示；绘制纹理细节，房梁区域的最终效果如图 2-519 所示。

（72）使用▇（框选工具）选中剩下的房梁区域（图 2-520），进行绘制，绘制方法同步骤（71），最终效果如图 2-521 所示；新建组进行命名，将绘制房梁的图层移动到组中。

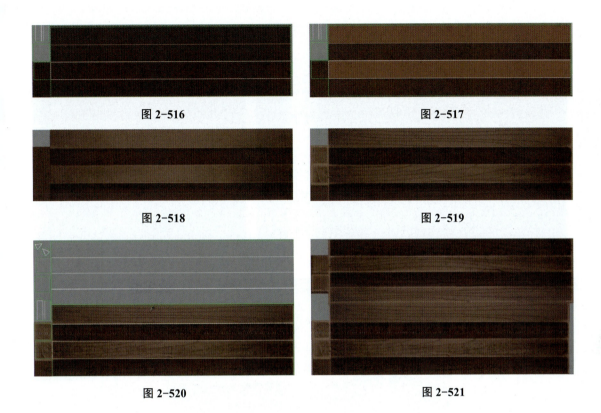

图 2-516　　　　　　　　　图 2-517

图 2-518　　　　　　　　　图 2-519

图 2-520　　　　　　　　　图 2-521

（73）在工具面板中选择 ■（套索工具），使用"磁性套索工具"选中屋顶梁架 UV 区域进行绘制，如图 2-522 所示，单击 ●（创建新的填充或调整图层）按钮，在菜单中选择"纯色"，填充屋顶梁架颜色。单击 ■（新建图层）按钮，框选"亮面"，创建新的填充或调整图层，选择"亮度/对比度"，调高亮度，做出明暗对比。单击 ■（新建图层）按钮，使用 ■（笔刷工具）进行绘制，细化明暗光影效果，最终屋顶梁架区域的效果如图 2-523 所示。

（74）同步骤（73）的绘制方法，将剩余部分的 UV 进行绘制，如图 2-524 所示；首先选取绘制区域，用填充工具进行底色填充，再使用画笔工具绘制出明暗效果，最后在转折处进行细化并绘制纹理效果，最终 UV 图效果如图 2-525 所示。

（75）按快捷键 Ctrl+S 保存为 tietu3.psd（文件路径："手绘 3D 项目实战"项目资料→项目文件→项目 2　游戏场景与制作→游戏建筑→ maps → tietu3.psd），模型贴图后效果如图 2-526 所示。

（76）单击 ■（选择中的元素）按钮，选择如图 2-527 所示红色区域进行分离，对象为 001。选择如图 2-528 所示红色区域进行分离，对象为 002；选中底部模型区域，单击 ■（修改），选择"材质编辑器"，选中"Blinn"材质，关闭材质窗口；单击修改器列表，在下拉列表中给选择物体添加一个"Unwrap UVW"（UVW 展开）修改器。

（77）在"Modify"（修改）面板"Edit UVs"（编辑 UV）卷展栏中，单击 Open UV Editor...（打开 UV 编辑器）按钮，在透视图中框选图 2-529 所选区域进行投影，选择平面贴图，如图 2-530 所示。

（78）选择编辑 UVW 窗口中的 ■（边模式），选择边进行 ■（断开），选择模型边，选择"UVW"窗口菜单栏中的工具，下拉单击"松弛"按钮，进行展开，如图 2-531 所示。选择 ■（边模式），中间边进行 ■（断开），选择 ■（顶点模式），进行修改，应用快速变换栏中的水平对齐到轴进行对齐，选择 ■（按元素 UV 切换选择），对其余的部分按同样的方法进行对齐，将展好的 UV 放入视图进行排列，如图 2-532 所示。关闭 UVW 窗口，转换为可编辑多边形，选择图 2-527、图 2-528 所示区域，在编辑几何体栏中单击"附加"按钮，如图 2-533 所示。

图 2-522

图 2-523

图 2-524

图 2-525

图 2-526

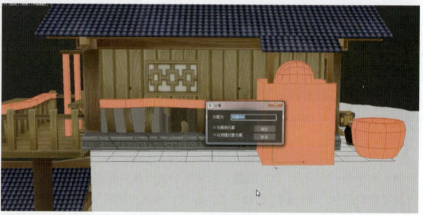
图 2-527

图 2-528

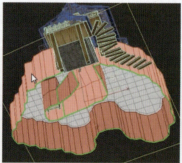
图 2-529

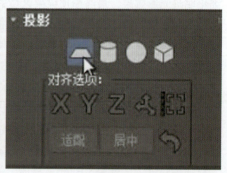
图 2-530

图 2-531

图 2-532

图 2-533

项目 2　游戏场景与制作——以场景建筑为例　151

（79）选择底部区域，单击修改器列表，在下拉菜单选择"UVW 展开"，打开 UV 编辑器，选择 ▦（顶点模式），移动排列位置，选择未展开的 UV，如图 2-534 所示；单击 UVW 窗口菜单栏中的工具，下拉单击"松弛"按钮，进行展开。选择 ▦（顶点模式），修改顶点位置，进行集中排列。选中排列好的 UV，单击 ▧ 按钮，环绕轴心旋转 90°，其他展开部分进行排列，应用快速变换栏中的"水平对齐到轴"和"垂直对齐到轴"进行对齐，如图 2-535 所示。

（80）选中木桶的 UV 进行展开，选择编辑 UVW 窗口菜单栏中的工具，下拉单击"松弛"按钮，单击"开始松弛"按钮，选择 ◿（边模式），选中连接边，右侧单击 ▥（断开）按钮，如图 2-536 所示；调高阈值到"10"，选择 ◿（边模式），选中连接边，如图 2-537 所示，右侧单击 ▥（断开）按钮，选中整个木桶 UV，选择"UVW 窗口"菜单栏中的工具，下拉单击"松弛"按钮，单击"开始松弛"按钮，选中 ▦（顶点模式），选中连接点，右侧单击 ▥（断开）按钮，再进行松弛，效果如图 2-538 所示；选择 ◿（边模式），选中重合边，右侧面板单击 ▥（焊接选定的子对象）按钮，选择 ▦（顶点模式），应用快速变换栏中的水平对齐到轴和垂直对齐到轴进行对齐，右上角下拉菜单单击纹理棋盘格，如图 2-539 所示。

（81）单击鼠标右键，将对象转换为可编辑多边形。单击"修改器列表"，下拉菜单选择"UVW 展开"，打开 UV 编辑器，单击 ▣（多边形）按钮，选择图 2-540 所示的红色区域，单击"投影"按钮，选择平面贴图；选择 ◿（边模式），选中外圈的边，调高阈值为"10"，右侧面板单击 ▥（焊接选定的子对象）按钮，选中纵向一条边，单击 ▥（断开）按钮，同步骤（80）方法进行松弛和对齐，效果如图 2-541 所示；将对象进行排列，重新渲染，单击渲染"UVW 模板"按钮，设置数值为"1024×1024"并进行渲染，参数设置如图 2-542 所示，渲染后保存图像，命名为 UV4，储存为 PNG 格式，效果如图 2-543 所示（文件保存路径："手绘 3D 项目实战"项目资料→项目文件→项目 2　游戏场景与制作→游戏建筑→ maps → UV4.PNG）。

（82）打开 PS 软件，在工具栏中单击"文件"按钮，在下拉菜单中单击"置入"按钮，选择 uv4.png 图片，单击"置入"按钮，如图 2-544 所示；单击"油漆桶工具"，将背景色填充为灰色，按快捷键 Ctrl+S 储存为 uv4.psd，图片效果如图 2-545 所示（保存路径："手绘 3D 项目实战"项目资料→项目文件→项目 2　游戏场景与制作→游戏建筑→ maps → UV4.psd）。

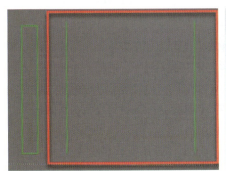
图 2-534

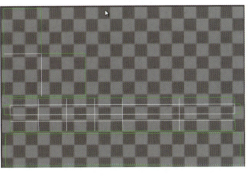
图 2-535

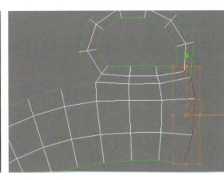
图 2-536

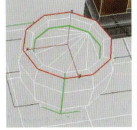
图 2-537

图 2-538

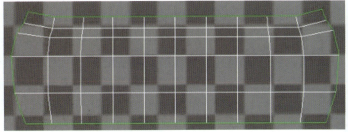
图 2-539

 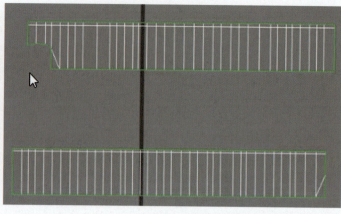 

图 2-540　　　　　　　　　　　　　　图 2-541　　　　　　　　　　　　　　图 2-542

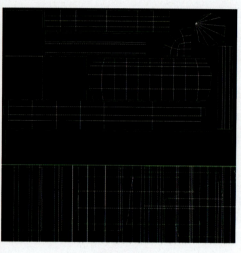  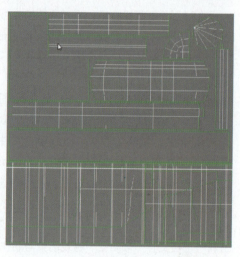

图 2-543　　　　　　　　　　　　　　图 2-544　　　　　　　　　　　　　　图 2-545

（83）打开 3ds Max 软件，单击 ➕（创建）按钮，选择对象类型为"长方体"，创建对象。调整其大小和位置，如图 2-546 所示，再转换为可编辑多边形。单击 ◢（边），选择"编辑边"，选择"连接"，单击 ▇（多边形）按钮，选择上半部分进行缩小，如图 2-547 所示。单击 ▇（多边形）按钮，选择编辑"多边形"，选择"挤出"，挤出数值为"2"。选择挤出面进行放大，再同上述方法进行挤出，选择挤出面进行缩小，如图 2-548 所示。

（84）单击 ▇（多边形）按钮，选择编辑"多边形"，选择"轮廓"，调整轮廓大小，再选择"挤出"，如图 2-549 所示，删除两个面，如图 2-550 所示；单击边界 ▇，选中边界线，对齐位置，单击 ◢（边）按钮，选中两条边，在编辑边栏中单击 ▇ 桥 ▇（桥接）命令，缝合其中一边，另外三边的操作同理，如图 2-551 所示；选择对象，单击 ▇（实用程序），重置变换，重置选定内容，选定对象转换为可编辑多边形。

（85）打开 PS 软件，绘制石块图。新建文件，像素宽高度为 512×512，分辨率为 300，使用油漆桶工具 ▇ 填充背景色为灰色，用画笔工具进行绘图，初步线稿如图 2-552 所示；新建图层 ▇，用画笔工具绘制出明暗层次关系，绘制好后合并图层，如图 2-553 所示；单击绘制石块的文件，移动到新窗口，绘制二方连续的石块图，刻画细节，最终效果如图 2-554 所示。

（86）打开 uv4.psd 文件，将绘制好的石块图移动到文件中，复制图层，移动对齐，如图 2-555 所示。

项目2 游戏场景与制作——以场景建筑为例 153

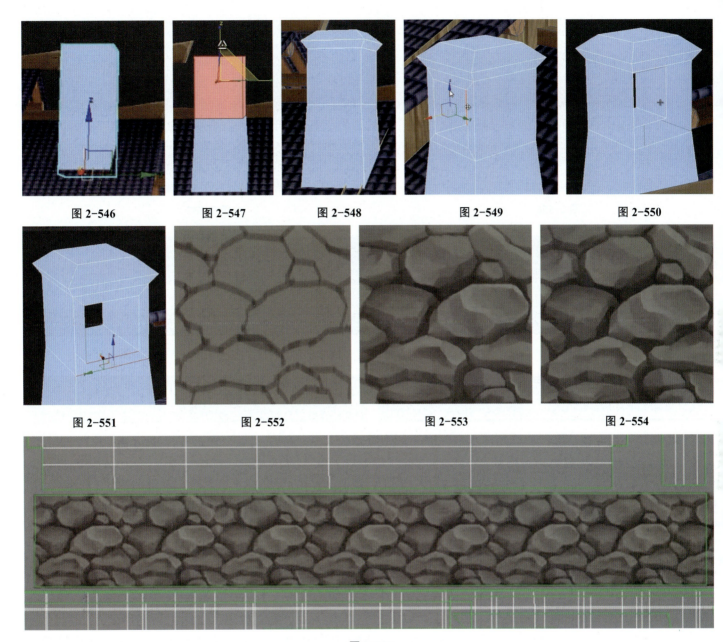

图 2-546 图 2-547 图 2-548 图 2-549 图 2-550

图 2-551 图 2-552 图 2-553 图 2-554

图 2-555

（87）打开 3ds Max 软件，单击"材质编辑器"按钮，单击"材质球"按钮，选择"漫反射"，单击 ■（材质/贴图浏览器）按钮，选择位图，单击"确定"按钮；将桌面的 uv4.psd 打开，显示贴图，如图 2-556 所示；单击修改器列表，下拉菜单选择"UVW"展开，打开 UV 编辑器，选择石块对象，单击 ■（水平镜像选定的子对象），再单击鼠标右键转换为可编辑多边形。

（88）单击 ■（框选工具）按钮，选择图 2-557 位置，按 Alt+Delete 键填充前景色（RGB 值为 R100、G68、B30）；选择图 2-558 所示位置按 Alt+Delete 键填充前景色（RGB 值为 R81、G37、B23）；选择图 2-559 所示位置进行亮度与对比度的设置。

（89）对图 2-560 中红框位置进行细节绘制，效果如图 2-561 所示；对图 2-562 中红框位置进行细节绘制，效果如图 2-563 所示。

（90）单击 ■（框选工具）按钮，选择图 2-564 位置，按 Alt+Delete 键填充前景色（RGB 值为 R83、G82、B79）；并对其进行细节绘制，效果如图 2-565 所示。

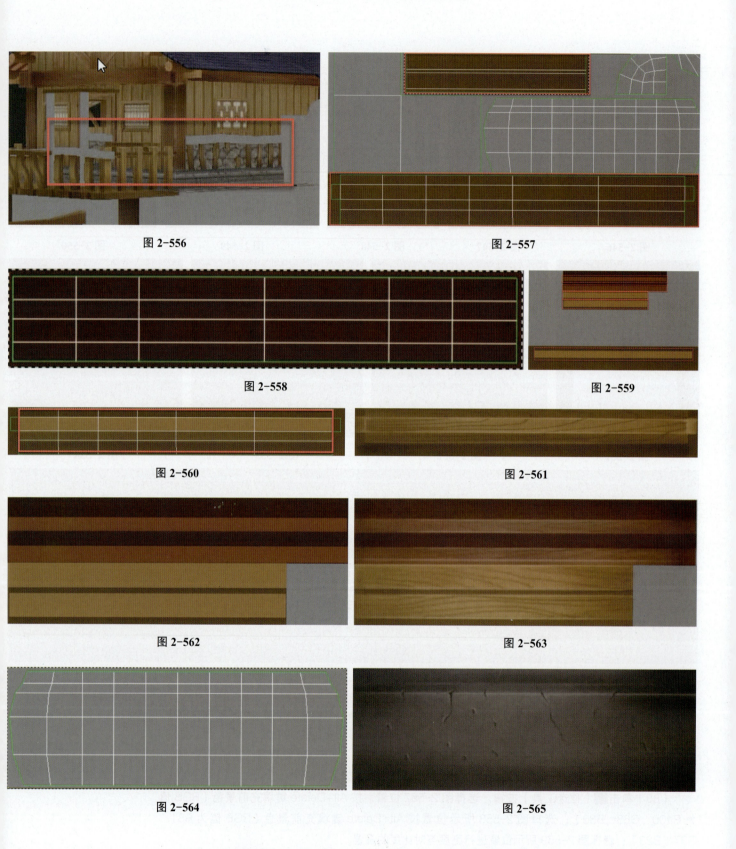

图 2-556　　图 2-557

图 2-558　　图 2-559

图 2-560　　图 2-561

图 2-562　　图 2-563

图 2-564　　图 2-565

（91）选择 ■（多边形套索工具），对图 2-566 所示的位置进行选择，并对其进行细节绘制，效果如图 2-567 所示。

（92）单击 ■（框选工具）按钮，选择图 2-568 所示的红框位置，按 Alt+Delete 键填充前景色（RGB 值为 R142、G125、B96）；并对其进行细节绘制，效果如图 2-569 所示。

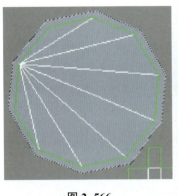 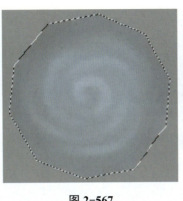  

图 2-566　　　　　　图 2-567　　　　　　图 2-568　　　　　　图 2-569

（93）单击■（框选工具）按钮，选择图 2-570 所示位置，将图 2-569 所示的纹理拖动至图 2-570 所示位置并对其进行细节绘制，效果如图 2-571 所示。

（94）单击■（框选工具）按钮，选择图 2-572 所示位置，按 Alt+Delete 键填充前景色（RGB 值为 R163、G120、B65）；并对其进行细节绘制，绘制后效果如图 2-573 所示。

（95）单击 文件(F) 选择"新建"选项，新建参数设置如图 2-574 所示，按 Alt+Delete 键填允前景色（RGB 值为 R77、G80、B89）；并对其进行细节绘制，绘制过程及效果如图 2-575 所示。

（96）将图 2-575 的石纹置入 uv4.psd 后，效果如图 2-576 所示，加入苔藓植物后，最终效果如图 2-577 所示。

（97）按快捷键 Ctrl+S 保存为 uv4.psd（文件路径："手绘 3D 项目实战"项目资料→项目文件→项目 2　游戏场景与制作→游戏建筑→ maps → UV4.psd），模型贴图后效果如图 2-578 所示。

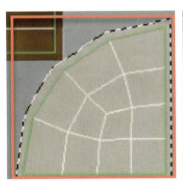   

图 2-570　　　　　　图 2-571　　　　图 2-572　　图 2-573　　　　图 2-574

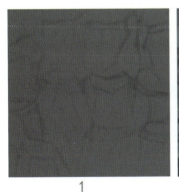 

1　　　　　　　　　2　　　　　　　　　3

图 2-575　　　　　　　　　　　　　　　　　　　　图 2-576

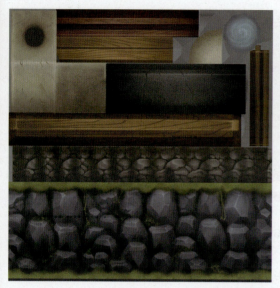

图 2-577

图 2-578

拓展案例：场景环境制作

本案例完整详细地讲解了手绘游戏场景环境的制作方法、绘制技巧及制作流程。共分以下几个方面，具体内容可扫码查看。

（一）场景环境模型制作

（二）场景环境 UV 展开

（三）场景环境贴图绘制

（一）场景环境模型制作

（二）场景环境 UV 展开

（三）场景环境贴图绘制

 思考训练

根据本项目所学建模指令、PS 贴图绘制技巧、场景设计思路等，创作一个场景模型案例。

要求：1. 创作一中国传统建筑明清风格。

2. 建模要求规范布线，无多余的点、线、面及重合线、重叠面。

3. 按游戏企业规范平整展开 UV，绘制精细贴图。

PROJECT THREE

项目 3　游戏角色与制作——以少年为例

项目导入

　　游戏角色主要由主角色、怪物及非玩家角色（NPC）等组成，其中最为重要的是玩家控制的角色，即主角色，故一款游戏中主角色的贴图会绘制得非常细腻。游戏角色的精致及风格是游戏玩家最为看重的，因此，游戏角色贴图的绘制尤为重要。本章通过项目"少年"完整详细地讲解了手绘游戏角色的制作方法、绘制技巧及制作流程。

　　鲜明的个性、趣味的造型、合理的结构是设计角色时需要满足的要求。本案例设定角色风格为古风少年，是一个形体匀称，散发活力的形象。通过梳于脑后的编织长发，盘在腰间的皮革束带，穿戴皮质的手套和靴子来契合古风主题，采用黄底红纹的上衣来彰显角色的个性。

学习目标

　　通过本项目的训练与学习，掌握游戏建模、展开 UV 及绘制贴图的技能，养成规范制作、虚心请教、勤奋好学的学习习惯，能独立完成课后布置的卡通角色的制作任务。

3.1　游戏角色模型制作

　　（1）双击桌面图标 运行 3ds Max 2018，执行主菜单"File"→"Save"命令，在弹出的储存文件窗口 File name 中输入"renwu"，单击"save"关闭窗口，保存为 renwu.max 文件。在右侧命令面板中执行 （创建）→ （几何体）→ Box （长方体）→ Cube （正方体）命令，如图 3-1 所示，在"Perspective"（透视图）中拖动鼠标，创建如图 3-2 所示的正方体，按快捷键 F4 使建立的 box 显示线框，如图 3-3 所示。（文件路径："手绘 3D 项目实战"项目资料→项目文件→项目 3 游戏角色与制作→少年→ max → renwu.max）

　　（2）按快捷键 T 进入顶视图，按快捷键 F3 切换到线框显示模式，如图 3-4 所示，鼠标右键单击 （捕捉开关）按钮，弹出"Grid and Snap Settings"（栅格和捕捉设置）窗口，如图 3-5 所示。单击 Grid Points （清除全部）勾选 Grid Points （栅格点），单击 （激活捕捉开关）按钮，将模型吸附至栅格正中心，如图 3-6 所示。吸附结束后关掉捕捉开关。

　　（3）单击命令面板中"Modify"（修改）面板，在卷展栏中单击 TurboSmooth （涡轮平滑）按钮（图 3-7），使正方体圆滑，如图 3-8 所示。

　　（4）在物体上方单击鼠标右键，弹出快捷菜单，单击"Convert To"（转换为）下的"Convert to Editable Poly"（转换为可编辑多边形）按钮，如图 3-9 所示，将模型转化为可编辑的多边形物体。按快捷键 4 在"Modify"（修改）面板中激活它的"Polygon"（多边形）子级别选中的面，单击 Extrude （挤出）按钮进行面挤出，如图 3-10 所示。

图 3-1

图 3-2

图 3-3

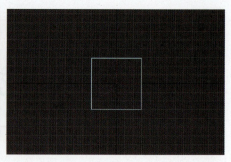
图 3-4

图 3-5

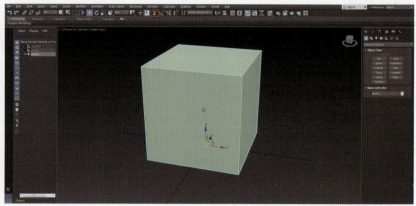
图 3-6

图 3-7

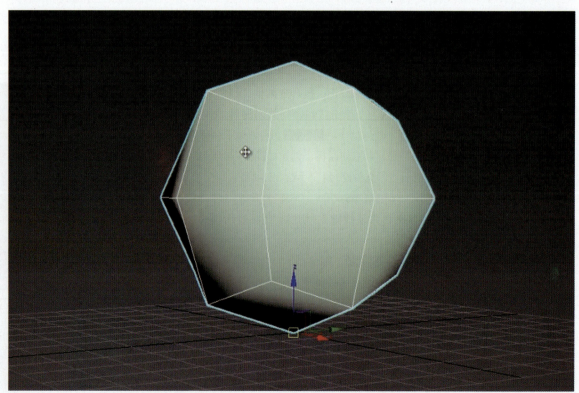
图 3-8

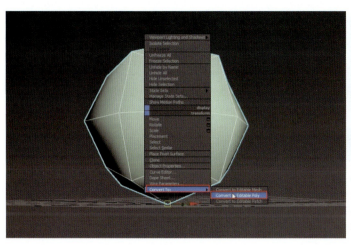
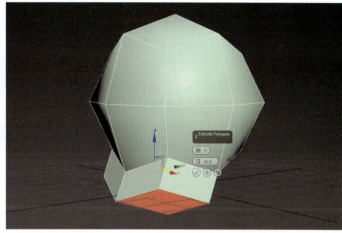

图 3-9　　　　　　　　　　　　　　　　　　图 3-10

（5）按快捷键 1 激活它的"Vertex"（顶点）子级别，按快捷键 W 使用"Move"（移动）工具，如图 3-11、图 3-12 所示，对物体中所框选的顶点进行 X 轴方向左右位置调整，调整后物体形状效果如图 3-13 所示。

（6）选择图 3-13 所示的顶点，按快捷键 R 使用缩放工具对物体进行正面调节，调节完成后，效果如图 3-14 所示。

（7）在"Modify"（修改）面板中激活"Polygon"（多边形）子级别，在透视图中选择物体，对物体光滑组进行调整，单击图 3-15 所示的 Clear All 按钮清除物体所有光滑组，将物体整体统一为一号光滑组，如图 3-16 所示，调整后效果如图 3-17 所示。

（8）在"Modify"（修改）面板中激活"Polygon"（多边形）子级别，在透视图中选择图 3-18 所示的面，按键盘上的 Delete（删除）键，删除选中的面，效果如图 3-19 所示。

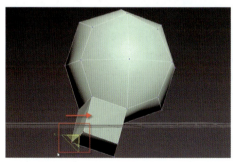
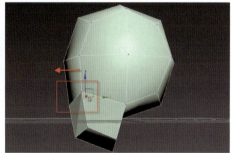
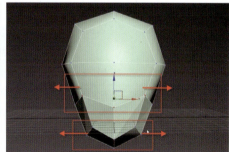

图 3-11　　　　　　　　　　图 3-12　　　　　　　　　　图 3-13

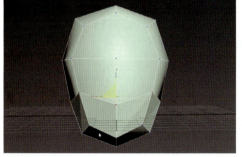
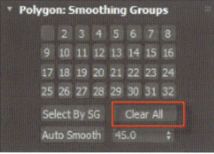

图 3-14　　　　　　　　　　图 3-15　　　　　　　　　　图 3-16

图 3-17

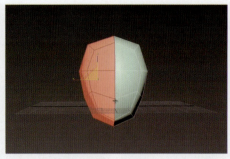
图 3-18

图 3-19

(9)单击工具栏中的 ![] (镜像工具)按钮,弹出"Mirror World Coordinate"(镜像世界坐标)窗口,选择 Instance(实例)复制模式,单击 OK (确认)按钮后为物体关联复制一个物体,效果如图 3-20、图 3-21 所示。

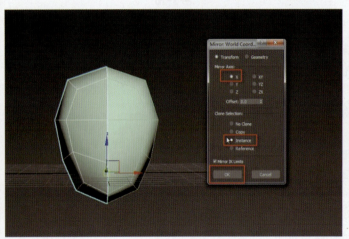
图 3-20

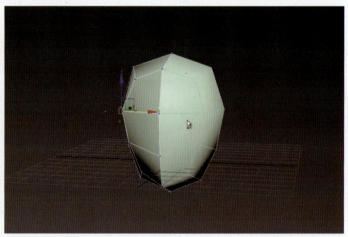
图 3-21

(10)按快捷键 1 激活它的"Vertex"(顶点)子级别,按快捷键 W 使用"Move"(移动)工具开始对物体的顶点进行调整,如图 3-22、图 3-23 所示,调整后物体形状效果如图 3-22、图 3-23 所示。

(11)激活物体的"Edge"(边)子级别,选择图 3-24 所示的边,在"Modify"(修改)菜单中展开"Selection"(选择)卷展栏,单击 Ring (环绕)按钮,如图 3-25 所示,选择一圈环绕边,如图 3-26 所示。

(12)展开"Modify"(修改)菜单中"Edit Edges"(编辑边界)卷展栏,单击 Connect (连接)按钮,添加一圈中线,如图 3-27 所示,按快捷键 W 使用"Move"(移动)工具开始对物体进行顶点调整,调整效果,如图 3-28 所示。

【说明】图 3-28 中所调整的顶点位置确定头部眉弓 1、鼻底 2、嘴巴 3 的位置。

(13)在"Edit Geometry"(编辑几何体)卷展栏中,单击 Cut (剪切)按钮,对物体添加边,添加后效果如图 3-29 所示。此次添加的边为头部眼眶结构线。激活物体的"Edge"(边)子级别,选择如图 3-30 所示的边,单击 Connect (连接)按钮,添加一圈中线,如图 3-31 所示,该线为头部鼻子结构线。

【说明】现对此物体命名头部。

(14)按快捷键 F 进入正视图,按快捷键 F3 进入线框显示模式,对头部进行调节使其圆滑,如图 3-32 所示,按快捷键 1 激活它的"Vertex"(顶点)子级别,按快捷键 W 使用"Move"(移动)工具开始对物体进行顶点调整,确定其头部眉弓骨、鼻翼、嘴巴位置,如图 3-33 所示。

项目3 游戏角色与制作——以少年为例 161

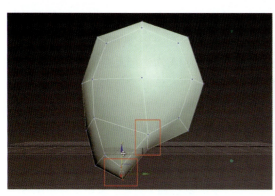

图 3-22

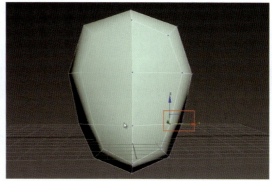

图 3-23

图 3-24

图 3-25

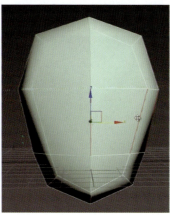

图 3-26

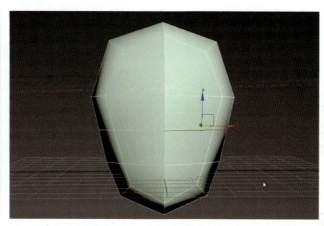

图 3-27

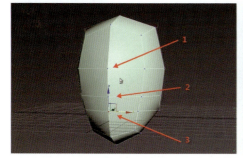

图 3-28

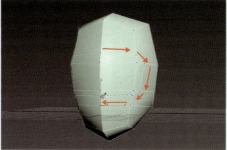

图 3-29

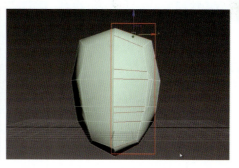

图 3-30

图 3-31

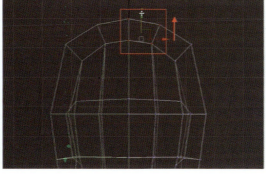

图 3-32

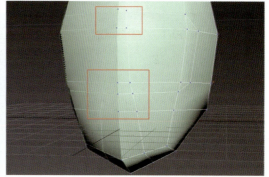

图 3-33

（15）再次使用"Move"（移动）工具，开始对图3-34所框选的顶点进行调整，制作出鼻子与眉弓骨简易造型，对头部模型下巴与脸部顶点进行调整，调整效果如图3-35所示。

（16）转至头部模型正面，使用"Move"（移动）工具对头部再次进行调整，效果如图3-36所示，激活物体的"Edge"（边）子级别，选中图3-37所示的边，单击 Connect （连接）按钮，添加一圈中线，效果如图3-38所示。

（17）按快捷键1激活它的"Vertex"（顶点）子级别，按快捷键W使用"Move"（移动）工具开始对物体进行顶点调整，将头部模型调整圆滑，侧面、正面调整后，效果如图3-39、图3-40所示。

（18）在"Edit Geometry"（编辑几何体）卷展栏中，单击 Cut （剪切）按钮，对物体添加第一条边，添加后效果如图3-41所示，该边确定眼睛的位置并圆滑面部结构，单击 Cut （剪切）按钮，对物体添加第二条第三条边，添加后效果如图3-42、图3-43所示。这两条边确定眉弓位置并细化鼻子结构。

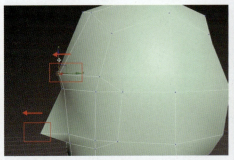

图 3-34

图 3-35

图 3-36

图 3-37

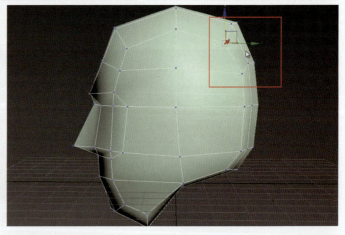

图 3-38　　　　　　图 3-39

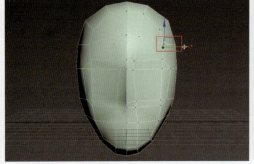

图 3-40

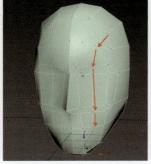

图 3-41

图 3-42

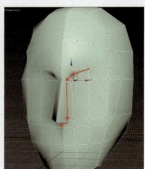

图 3-43

（19）按快捷键2激活物体的"Edge"（边）子级别，选中图3-44所示的边，单击右侧工具栏中"Edit Geometry"（塌陷）按钮，如图3-45所示，将这条边收拢，从而处理了图3-44所示的五边面，效果如图3-46所示。

（20）激活"Vertex"（顶点）子级别，单击（剪切）按钮，对物体添加边，如图3-47所示，按快捷键2激活物体的"Edge"（边）子级别，选中图3-48所示的边，单击鼠标右键，弹出快捷菜单，如图3-49所示，在按住快捷键Ctrl同时单击左下方的"Remove"（移除）按钮，将两条边删除。

（21）激活"Vertex"（顶点）子级别，调整眼部周围顶点，如图3-50所示。单击（剪切）按钮，对物体添加边，如图3-51所示，眼部基本形态已经成型。按快捷键2，激活物体的"Edge"（边）子级别，选中图3-52所示的边，将它删除。

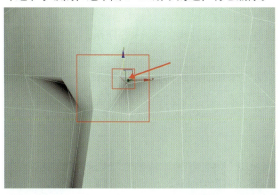
图 3-44

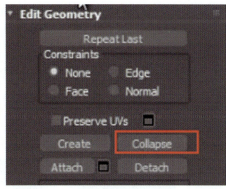
图 3-45

图 3-46

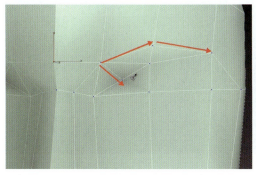
图 3-47

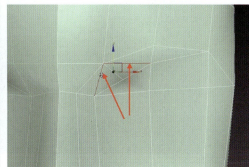
图 3-48

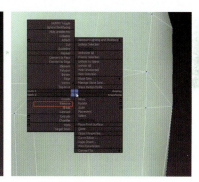
图 3-49

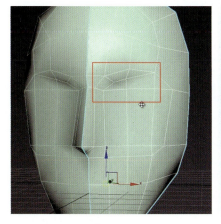
图 3-50

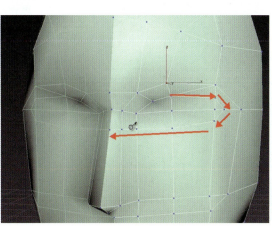
图 3-51

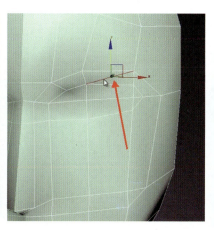
图 3-52

（22）激活"Vertex"（顶点）子级别，对头部模型进行各方位顶点调整，使头部模型圆滑。如图 3-53 至图 3-55 所示。

（23）激活"Vertex"（顶点）子级别，单击 Cut （剪切）按钮对物体添加边，如图 3-56 所示。细化眉弓高点，继续添加边，如图 3-57 所示。确定嘴的位置，细化眼睛与面部结构，调整顶点后效果如图 3-58 所示。

（24）按快捷键 2 激活物体的"Edge"（边）子级别，选中图 3-59 所示的边，单击 Connect （连接）按钮，添加一圈中线，如图 3-60 所示。按快捷键 1 激活"Vertex"（顶点）子级别调整点，如图 3-61 所示。

（25）单击 Cut （剪切）按钮，对物体添加两条边，如图 3-62、图 3-63 所示。该两条边确定嘴唇的位置，调整嘴巴旁边顶点，效果如图 3-64 所示。

（26）单击 Cut （剪切）按钮，对物体添加边，添加后效果如图 3-65 所示，该边属于口轮匝肌结构线，调节顶点，效果如图 3-66 所示。

（27）单击 Cut （剪切）按钮，对物体添加边，添加后效果如图 3-67 所示，按快捷键 2 激活物体的"Edge"（边）子级别，删除图 3-68 中所示的边。激活"Vertex"（顶点）子级别调整点，效果如图 3-69 所示。

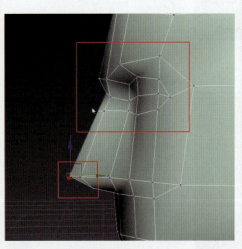

图 3-53

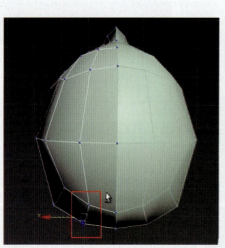

图 3-54

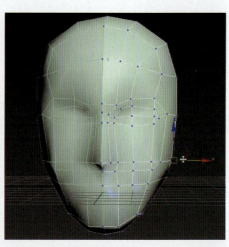

图 3-55

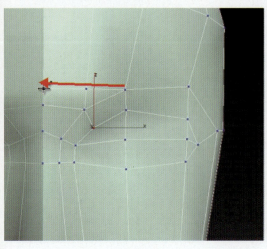

图 3-56

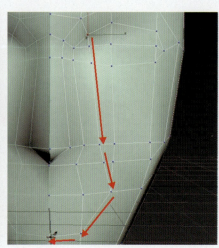

图 3-57

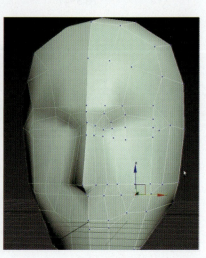

图 3-58

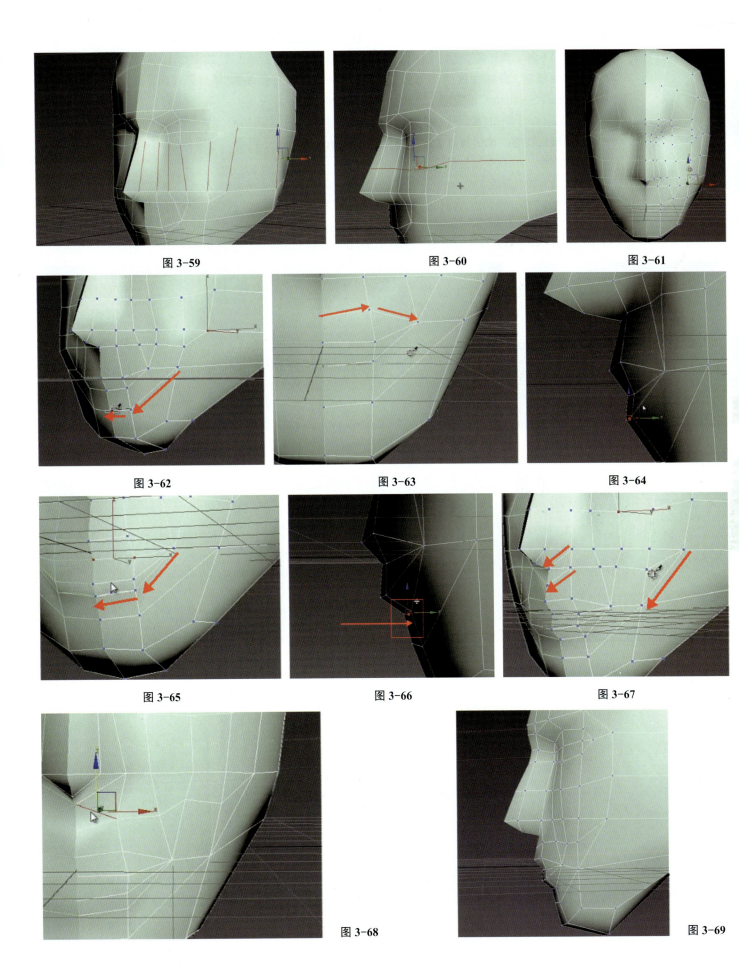

图 3-59　　　　　　　　　　图 3-60　　　　　　　　　　图 3-61

图 3-62　　　　　　　　　　图 3-63　　　　　　　　　　图 3-64

图 3-65　　　　　　　　　　图 3-66　　　　　　　　　　图 3-67

图 3-68　　　　　　　　　　　　　　　　　　　　图 3-69

（28）单击 [Cut]（剪切）按钮，对物体添加边，添加后效果如图3-70、图3-71所示。按快捷键2激活物体的"Edge"（边）子级别，选择图3-72中所示线段，单击右侧工具栏中"Edit Geometry" [Collapse]（塌陷），将这条边收拢。

（29）单击 [Cut]（剪切）按钮，对物体添加边，添加后效果如图3-73所示，调整下巴布线细化嘴唇，按快捷键2激活物体的"Edge"（边）子级别，选中并删除图3-74、图3-75所示的线。

（30）激活"Vertex"（顶点）子级别，调整面部顶点使面部圆滑，效果如图3-76所示，按照图3-77所示添加边，细化眼部结构。添加图3-78所示的边，删除红色方框的线段。

（31）如图3-79所示，使用 [Connect]（连接）工具添加一圈中线，激活"Vertex"（顶点）子级别，调整顶点使头部圆滑，如图3-80所示；添加边并调节顶点使鼻子圆滑，如图3-81所示。

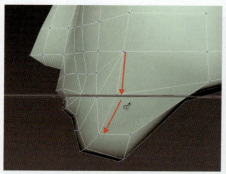

图 3-70

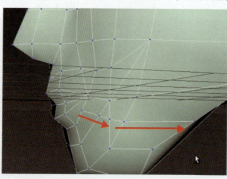

图 3-71

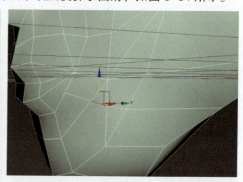

图 3-72

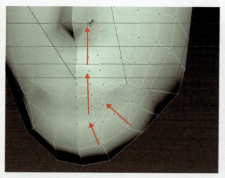

图 3-73

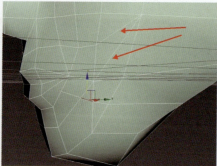

图 3-74

图 3-75

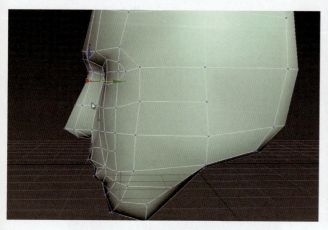

图 3-76

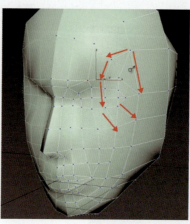

图 3-77

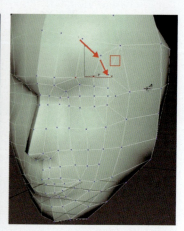

图 3-78

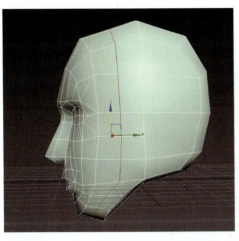 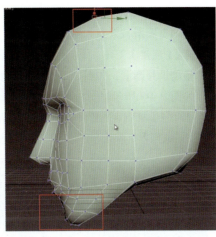 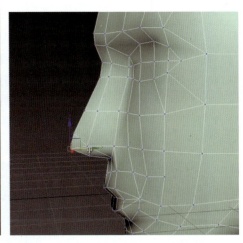

图 3-79　　　　　　　　　图 3-80　　　　　　　　　图 3-81

（32）激活"Vertex"（顶点）子级别，调节人物面部，参照图 3-82，将头部鼻子旁结构线向右移动留出空间，细化鼻子。选中图 3-83 所示的边，使用 Connect（连接）工具，添加一圈中线，如图 3-84 所示。

（33）选中图 3-85 所示的边，使用 Connect（连接）工具，添加一圈中线，如图 3-86 所示。单击 Cut（剪切）按钮，对物体添加边细化鼻头。添加后效果如图 3-87 所示。

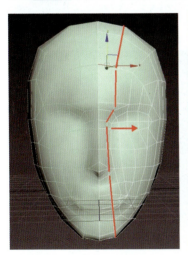 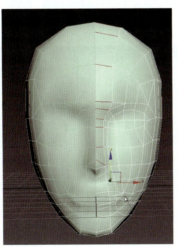 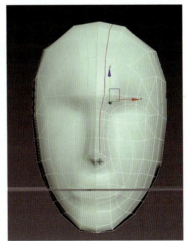

图 3-82　　　　　　　　　图 3-83　　　　　　　　　图 3-84

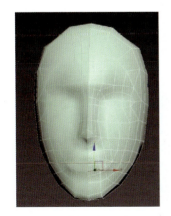  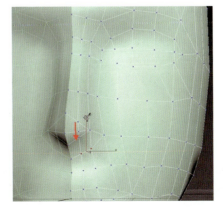

图 3-85　　　　　　　　　图 3-86　　　　　　　　　图 3-87

（34）激活"Vertex"（顶点）子级别，将头部模型顶点调节至图3-88、图3-89所示。进入顶视图，将头部模型顶点调整圆滑，效果如图3-90所示。

（35）使用 Connect （连接）工具，添加两条线，如图3-91、图3-92所示。激活"Vertex"（顶点）子级别，将头部模型调整圆滑，如图3-92所示，调转视图至下巴视角，单击 Cut （剪切）按钮，对物体添加边，如图3-93所示。

（36）激活头部模型的"Polygon"（多边形）子级别，选中图3-94所示的面，单击 Extrude （挤出）按钮，如图3-95所示，挤出脖子并删除多余的面，如图3-96所示。

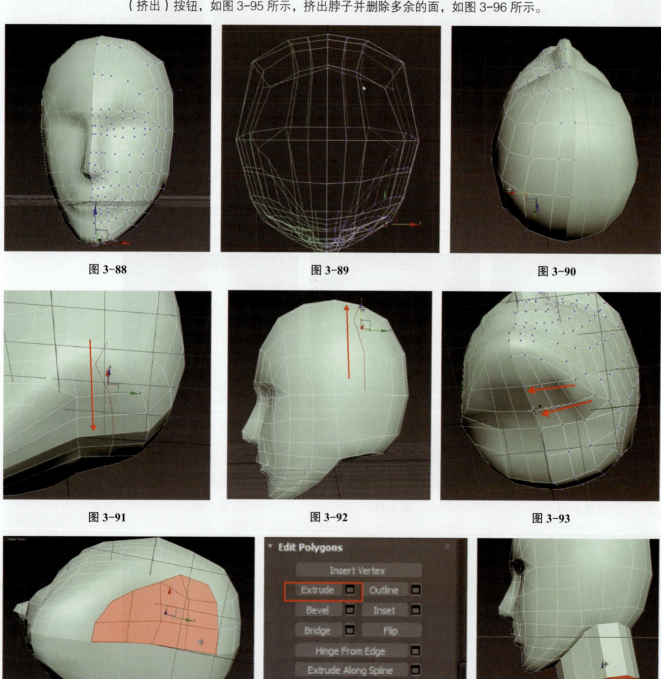

图3-88　　　　　　　　　图3-89　　　　　　　　　图3-90

图3-91　　　　　　　　　图3-92　　　　　　　　　图3-93

图3-94　　　　　　　　　图3-95　　　　　　　　　图3-96

（37）按快捷键 R 使用缩放工具将脖子底部压平，如图 3-97 所示，激活"Vertex"（顶点）子级别，将脖子横截面进行调整，如图 3-98 所示，使用 Extrude（连接）工具，在脖子上添加一条线，并使用缩放工具进行缩放，如图 3-99 所示。

（38）单击 Cut（剪切）按钮，对物体添加边，如图 3-100 所示。确定发髻线位置，按照图 3-101、图 3-102 所示的要求接着添加边，细化头部模型使其更加圆滑。激活"Vertex"（顶点）子级别，调整头部模型侧面，参考图 3-103，正面参考图 3-104。使模型更加规整、圆滑。

（39）旋转视图至头顶，按照图 3-105 所示，使用 Cut（剪切）工具添加边，制作发冠，激活头部模型的"Polygon"（多边形）子级别，选中如图 3-106 所示的面，单击 Extrude（挤出）按钮，将发冠进行挤出，切换至点编辑模式对发冠的顶点进行调节，如图 3-107 所示。

（40）使用 Cut（剪切）工具来添加边，如图 3-108 所示，切换至侧视图对发冠的顶点进行调节，如图 3-109 所示。

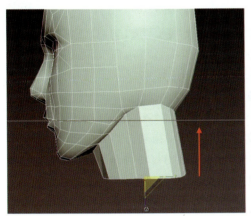

图 3-97

图 3-98

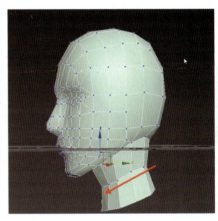

图 3-99

图 3-100

图 3-101

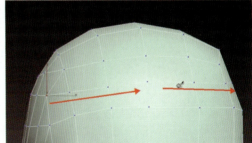

图 3-102

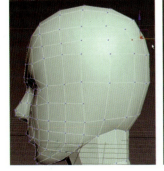

图 3-103

图 3-104

图 3-105

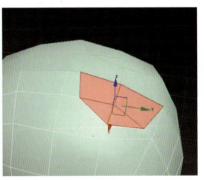

图 3-106

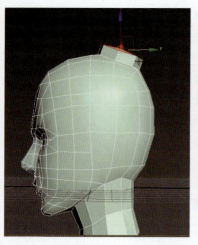
图 3-107

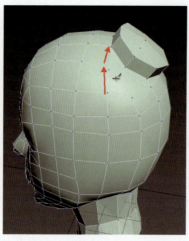
图 3-108

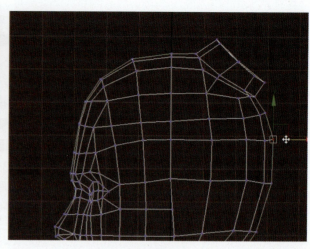
图 3-109

（41）激活"Vertex"（顶点）子级别，对脸部顶点进行调节，使用 Cut （剪切）工具在图 3-110 中箭头所示方向添加一段线，添加效果如图 3-111 所示，然后再根据图 3-112 箭头所示添加边。激活物体的"Edge"（边）子级别，选中如图 3-113、图 3-114 中所示的边进行删除。

（42）按快捷键 2 激活物体的"Edge"（边）子级别，选中后脑勺部分边使用 Connect （连接）工具在头部后脑勺部分添加一条边，如图 3-115 所示，激活头部模型的"Polygon"（多边形）子级别，选中图 3-116 所示的面，单击 Extrude （挤出）按钮，效果如图 3-117 所示。

（43）将挤出的面使用缩放工具缩小，再次使用挤出工具，如图 3-118 所示，按快捷键 W 使用"Move"（移动）工具调整耳朵的厚度，使用缩放工具放大耳朵，如图 3-119 所示；按快捷 E 使用旋转工具调节耳朵形状，如图 3-120 所示。

（44）使用 Cut （剪切）工具在图 3-121、图 3-122 所示的箭头方向加边，细化耳朵边缘，激活"Vertex"（顶点）子级别，调节耳朵形状，如图 3-123、图 3-124 所示。

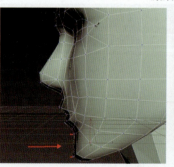
图 3-110

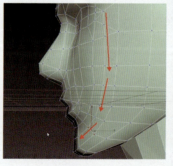
图 3-111

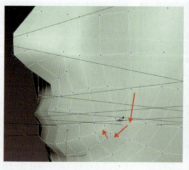
图 3-112

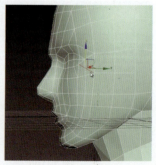
图 3-113

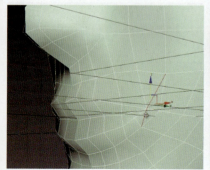
图 3-114

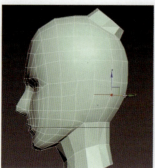
图 3-115

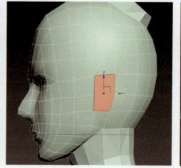
图 3-116

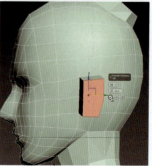
图 3-117

项目3 游戏角色与制作——以少年为例 171

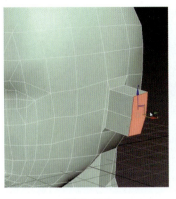
图 3-118

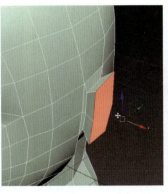
图 3-119

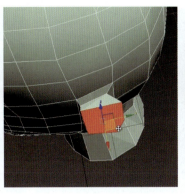
图 3-120

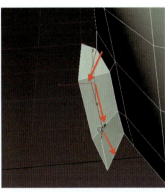
图 3-121

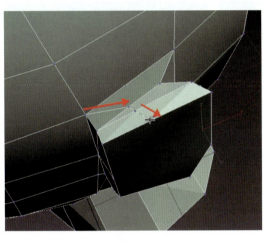
图 3-122

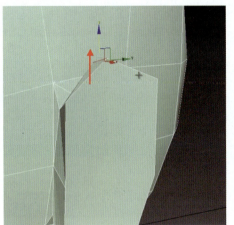
图 3-123

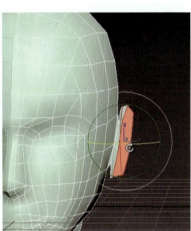
图 3-124

（45）使用 Cut（剪切）工具在图 3-125，图 3-126 所示的箭头方向加边，调整耳朵形状，完善整体布线，效果如图 3-127 至图 3-129 所示。

（46）头发制作。在右侧命令面板中执行 ➕（创建）→ ⬤（几何体）→ Box（长方体）命令，如图 3-130 所示，在"Perspective"（透视图）中拖动鼠标，创建如图 3-131 所示的正方体，在新建正方体上方单击鼠标右键，弹出快捷菜单，单击"Rotate"（旋转）按钮，如图 3-132 所示，弹出旋转设置浮框在 Z 轴方向输入 45°，如图 3-133 所示。使正方体以 Z 轴为中心旋转 45°，使用缩放工具调节正方体形状，如图 3-134 所示。

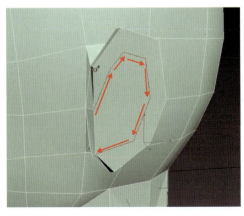
图 3-125

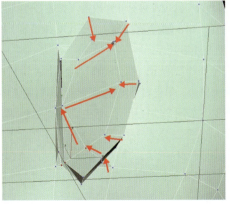
图 3-126

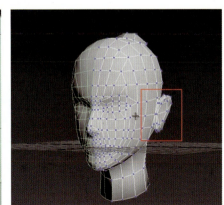
图 3-127

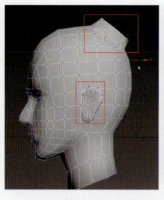
图 3-128

图 3-129

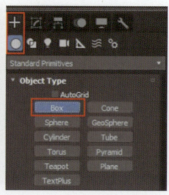
图 3-130

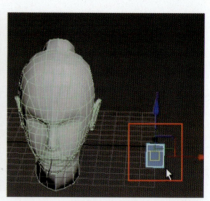
图 3-131

图 3-132

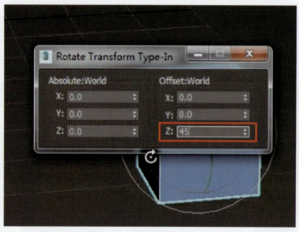
图 3-133

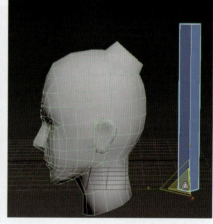
图 3-134

（47）在正方体上方单击鼠标右键，弹出快捷菜单，单击"Convert To"（转换为）下的"Convert to Editable Poly"（转换为可编辑多边形）按钮，如图 3-135 所示，将模型转化为可编辑的多边形物体。单击 Connect（连接）工具后面的小方框为物体增加线的段数，调节头发形态。效果如图 3-136、图 3-137 所示。

（48）进入侧视图，旋转制作出头发，并运用缩放工具制作头发粗细变化，如图 3-138 所示。按快捷键 E 调整旋转头发使它弯出曲度，如图 3-139 所示，打开材质编辑器，选中第一个材质球，将它赋予头发，如图 3-140 所示。

（49）选择头发，在"Modify"（修改）面板中单击修改菜单的卷展栏，在下拉列表中给头发添加一个"Unwrap UVW"（UVW 展开）修改器，如图 3-141 所示。在"Modify"（修改）面板"Edit UVs"（编辑 UV）卷展栏中，单击 Open UV Editor...（打开 UV 编辑器）按钮，弹出"Edit UVWs"（编辑 UVWs）窗口，如图 3-142、图 3-143 所示。

（50）如图 3-143 所示，在"Edit UVWs"（编辑 UVWs）窗口，单击窗口下方的 ◁（边）按钮激活 UV 边，框选全部的边，单击右下角 缝合工具将阈值调至最大，缝合头发中所有剪开的 UV 线，自行选择要断开的 UV 边，如图 3-144 所示，选中要断开的线，单击图 3-145 中的 （断开）按钮，将 UV 边断开。

【说明】UV 剪裁线剪至模型较隐秘的位置。

（51）如图 3-146 所示，单击"Edit UVWs"（编辑 UVWs）窗口上方的 Tools 菜单，在下拉菜单列表中执行"Relax"（松弛）指令，如图 3-147 所示，在弹出的"Relax Tool"（松弛工具）窗口中单击 Start Relax（开始松弛）按钮，待完全松弛后再单击 Stop Relax（停止松弛）按钮结束松弛，关闭"Relax Tool"（松弛工具）窗口，松弛效果如图 3-148 所示。

项目3　游戏角色与制作——以少年为例

图 3-135

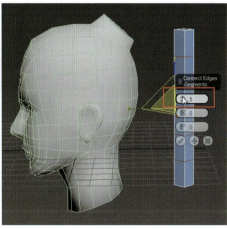

图 3-136

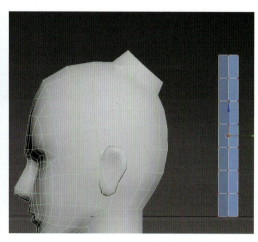

图 3-137

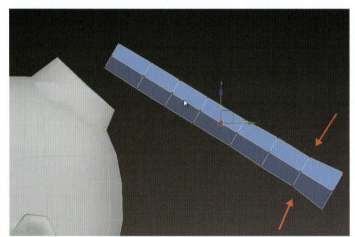

图 3-138

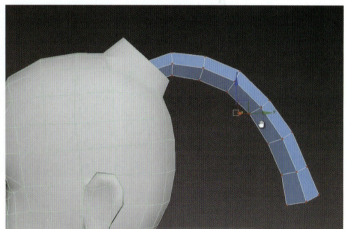

图 3-139

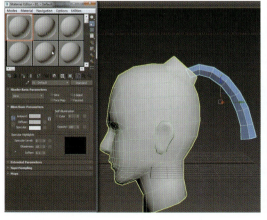

图 3-140

图 3-141

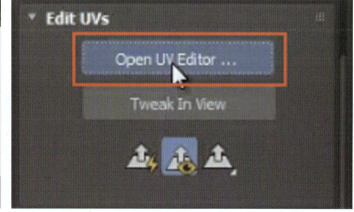

图 3-142

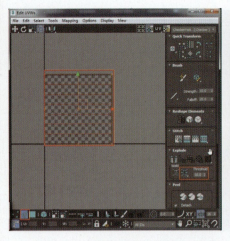
图 3-143

图 3-144

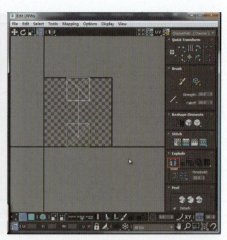
图 3-145

图 3-146

图 3-147

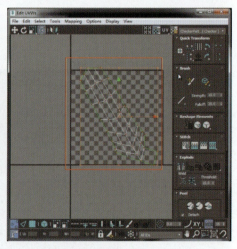
图 3-148

（52）单击窗口下方的 （顶点）按钮，激活 UV 顶点。选择如图 3-149 所示的 UV 顶点，再单击"Edit UVWs"（编辑 UVWs）窗口右上方的 （水平对齐到轴）按钮，使选择的点沿水平方向成一条直线。单击"Edit UVWs"（编辑 UVWs）窗口右上方 ［棋盘格图样（棋盘格）］后面的卷展栏，在下拉列表中单击"Texture Checker"（UV_Checker.png）纹理棋盘格（UV_棋盘格.png），为箱盖赋予一张临时的 UV_Checker.png 贴图，如图 3-150 所示。该棋盘格主要用来查看 UV 是否有拉伸。效果如图 3-151 所示。

图 3-149

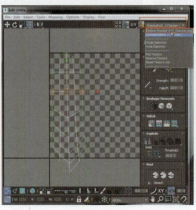
图 3-150

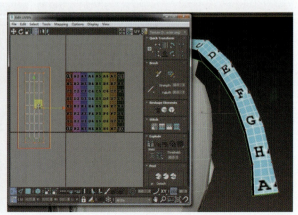
图 3-151

（53）单击鼠标右键，弹出快捷菜单，单击"Convert To"（转换为）下的"Convert To Editable Poly"（转换为可编辑多边形）按钮，将模型转化为可编辑的多边形物体，如图 3-152 所示。按 Shift 键复制头发，如图 3-153、图 3-154 所示，并调整摆放至合理的位置。

（54）整理面部布线，头发位置，最终效果如图 3-155、图 3-156 所示。

（55）激活模型的"Polygon"（多边形）子级别，选中如图 3-157 所示的面，单击 Extrude （挤出）按钮，数值如图 3-158 所示，使用缩放工具调节肩部的结构大小关系，效果如图 3-159 所示。

（56）重复步骤（55），选中脖子底部的面对其进行面挤出调节，正面和侧面如图 3-160 至图 3-162 所示。

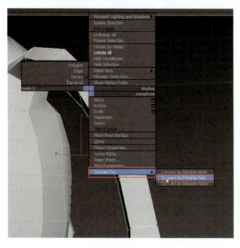

图 3-152

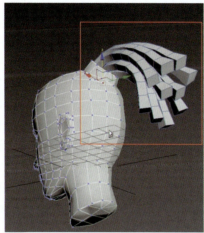

图 3-153

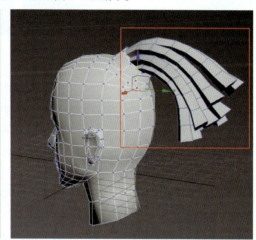

图 3-154

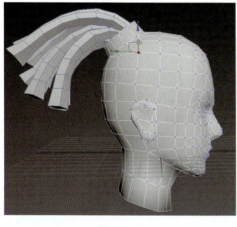

图 3-155

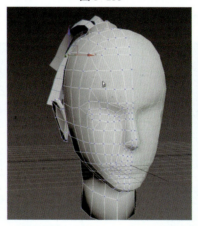

图 3-156

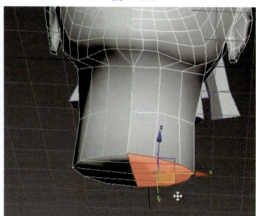

图 3-157

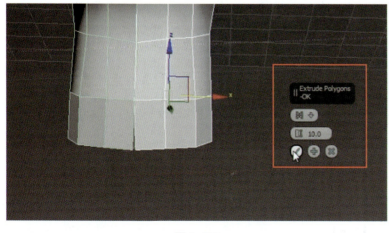

图 3-158

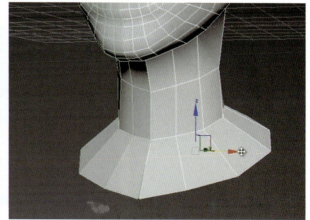

图 3-159

图 3-160

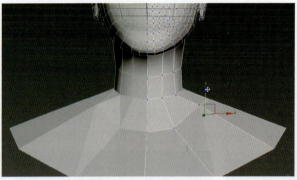
图 3-161

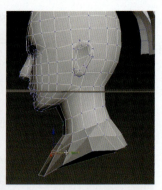
图 3-162

（57）选中脖子底部的面，对其进行面挤出，如图 3-163 所示。激活"Vertex"（顶点）子级别，调节肩部布线，使用切割工具，根据图 3-164、图 3-165 所示在正面、背面添加边。

（58）参考图 3-166 调整肩部布线，激活模型的"Polygon"（多边形）子级别，选中图 3-167 所示的面，删除选中的面，如图 3-168 所示；使用切割工具按照图 3-168 所指示的地方加边，删除挤出而产生的多余的面，如图 3-169 所示。

（59）调整肩部布线，激活物体的"Edge"（边）子级别，选中图 3-170 所示的边，使用桥接工具，如图 3-171 所示，补充身体下方缺少的面，效果如图 3-172 所示。

（60）选中身体底部的边，使用连接工具添加两条边，如图 3-173 所示，激活模型的"Polygon"（多边形）子级别选中底部面进行挤出，挤出效果如图 3-174 所示，激活"Vertex"（顶点）子级别，调整出胳膊的位置与形状，如图 3-175 所示。

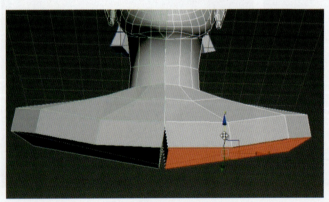
图 3-163

图 3-164

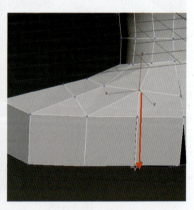
图 3-165

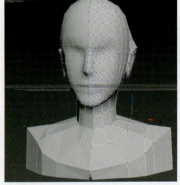
图 3-166

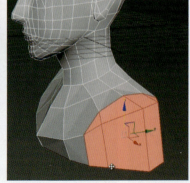
图 3-167

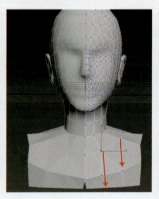
图 3-168

图 3-169

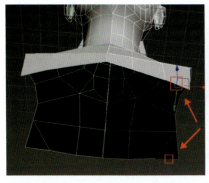
图 3-170

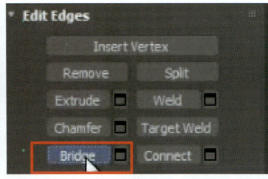
图 3-171

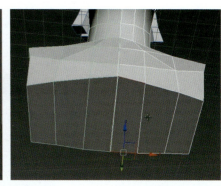
图 3-172

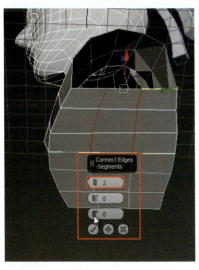
图 3-173

图 3-174

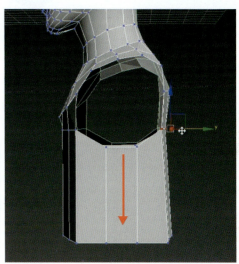
图 3-175

（61）使用切割工具按照图 3-176 所示的地方添加边，激活"Borders"（边界）子级别，选择物体的"Borders"（边界），在右侧"Edit Borders"（编辑边界）卷展栏中，单击 Cap （盖）按钮，如图 3-177 所示，为所选边界封盖，如图 3-178 所示。

（62）激活模型的"Polygon"（多边形）子级别，使用挤出工具挤出胳膊，如图 3-179 所示，使用切割工具为胳膊添加一条边，激活"Vertex"（顶点）子级别，调整出胳膊形状，如图 3-180 所示，选中如图 3-181 所示的边，单击右侧工具栏中"Edit Geometry" Collapse （塌陷）按钮，将这条边收拢，如图 3-182 所示。

（63）使用切割工具，按照图 3-183 至图 3-185 所示地方添加线段，然后制作腋下部分结构，删除图 3-186 中所示的边。

（64）使用连接工具在身体添加一条边，如图 3-187 所示。使用切割工具添加边使角色腰部更圆滑，如图 3-188 所示。继续使用连接工具在身体上面添加边，如图 3-189 所示。激活模型的"Polygon"（多边形）子级别，调整角色身体模型。

（65）使用连接工具为角色模型腰部添加两条边，激活"Vertex"（顶点）子级别调整腰部顶点，如图 3-190 所示。使用挤出工具将胳膊挤出完成，如图 3-191 所示。将胳膊里面的面缩小并塌陷，如图 3-192 所示。

（66）挤出裙子部分，添加多条边，如图 3-193 所示，激活"Vertex"（顶点）子级别，调整裙子形状，如图 3-194 所示。身体制作最终效果，如图 3-195 所示。

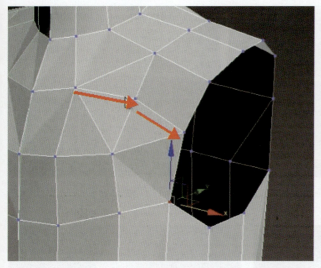
图 3-176

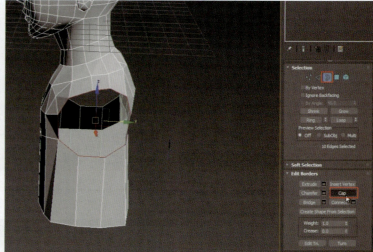
图 3-177

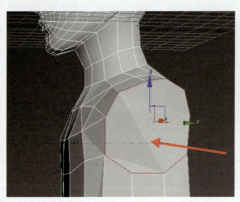
图 3-178

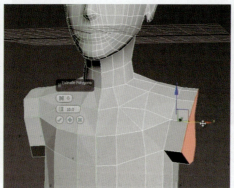
图 3-179

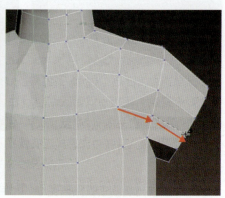
图 3-180

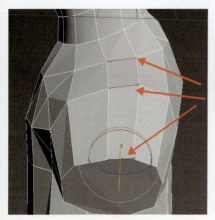
图 3-181

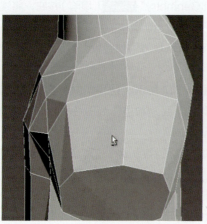
图 3-182

图 3-183

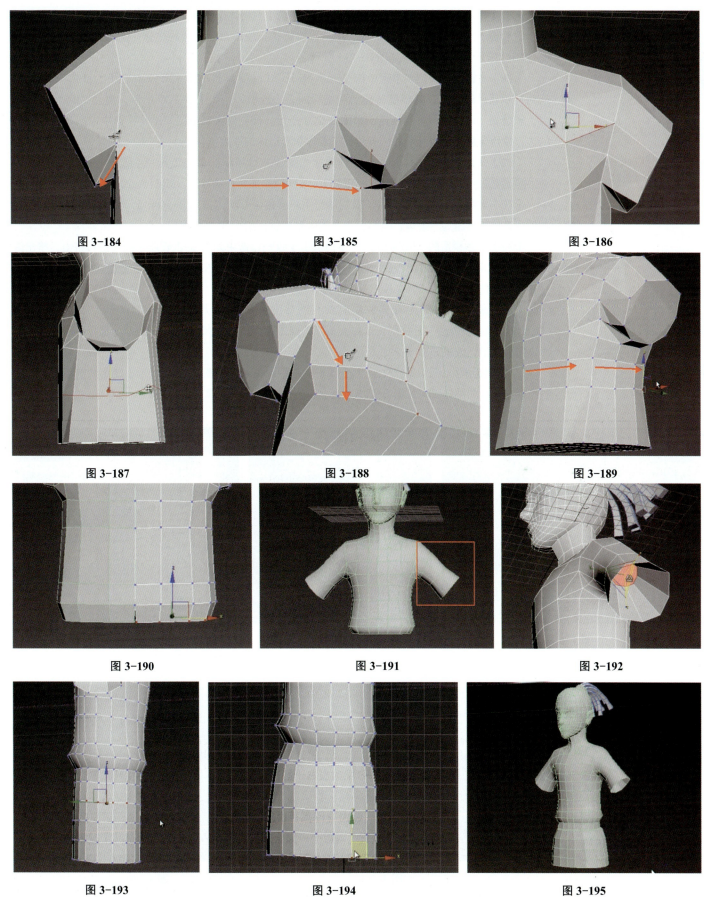

图 3-184　　　　　　　　　图 3-185　　　　　　　　　图 3-186

图 3-187　　　　　　　　　图 3-188　　　　　　　　　图 3-189

图 3-190　　　　　　　　　图 3-191　　　　　　　　　图 3-192

图 3-193　　　　　　　　　图 3-194　　　　　　　　　图 3-195

(67)在右侧命令面板中执行 ➕（创建）→ ⭕（几何体）→ Sphere（柱体）命令，如图 3-196 所示。新建一个八棱柱，如图 3-197 所示，右键执行旋转命令将圆柱体以 Y 轴方向旋转 90°，如图 3-198 所示。旋转后效果如图 3-199 所示。

(68)右键弹出快捷菜单，单击"Convert To"（转换为）下的"Convert To Editable Poly"（转换为可编辑多边形），将模型转化为可编辑的多边形物体，如图 3-200 所示，激活"Vertex"（顶点）子级别，调整胳膊上的顶点，如图 3-201 所示。调制出大概的胳膊结构，选中如图 3-201 所示的边，使用连接工具为其增加一条边，来制作手套边缘的厚度结构。

(69)使用连接工具添加边，制作效果如图 3-202 所示。单击工具栏中 ⬛，在卷展栏中单击激活 Swift Loop（循环边工具）按钮，在胳膊关节部位添加两条循环边，如图 3-203 所示。

(70)调整视图，激活顶点子级别调整手腕横截面形状，如图 3-204 所示。选择手腕部分的边并使用连接工具添加一条边，调整出手掌的大致形状，如图 3-205 所示。

(71)激活模型的"Polygon"（多边形）子级别，选中如图 3-206 所示的面进行挤出，挤出效果如图 3-207 所示。激活"Vertex"（顶点）子级别，如图 3-208 所示，单击 Target Weld（目标焊接）按钮，焊接挤出多余顶点，如图 3-209 所示。

(72)使用移动工具调节手掌顶点，调节出大拇指形状，如图 3-210 所示。激活模型的"Polygon"（多边形）子级别，选中大拇指的面进行面挤出，如图 3-211 所示。选择手掌部分横截面进行面挤出，效果如图 3-212 所示。

(73)使用移动工具调节顶点，分清拇指与手掌关系，如图 3-213 所示。使用切割工具为手掌模型添加边，如图 3-214、图 3-215 所示。接着调节顶点使手掌布线均匀。

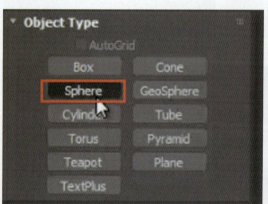

图 3-196

图 3-197

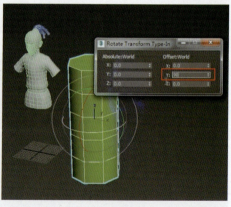

图 3-198

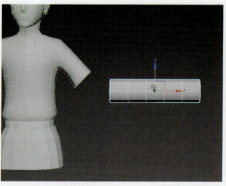

图 3-199

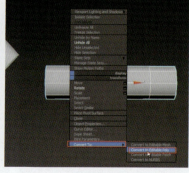

图 3-200

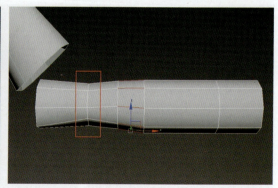

图 3-201

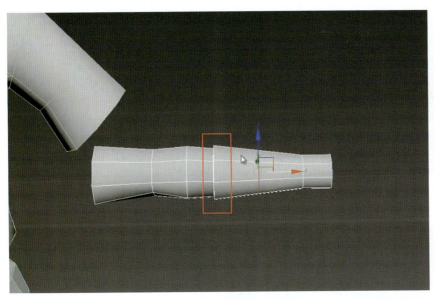
图 3-202

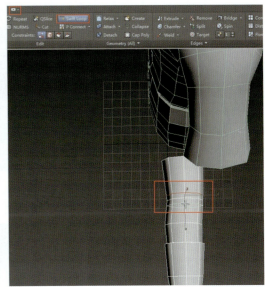
图 3-203

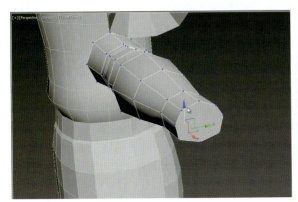
图 3-204

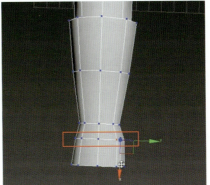
图 3-205

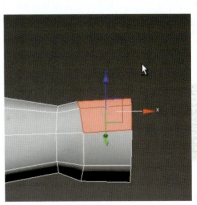
图 3-206

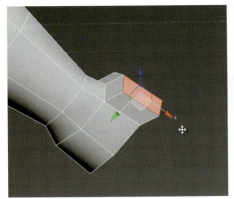
图 3-207

图 3-208

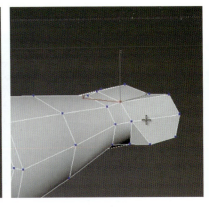
图 3-209

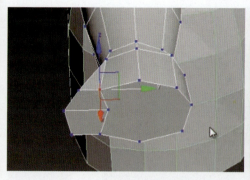
图 3-210

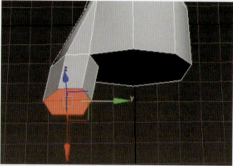
图 3-211

图 3-212

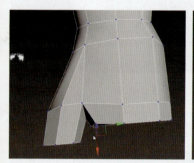
图 3-213

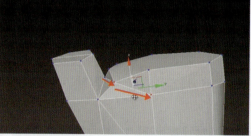
图 3-214

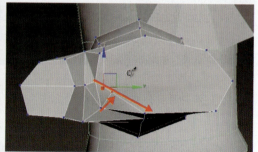
图 3-215

(74)使用切割工具添加边,并确定四根手指的基本位置,如图 3-216、图 3-217 所示。

(75)进入顶视图,调节出手掌的弧线,如图 3-218 所示。使用移动工具调整好四根手指的基本形状,如图 3-219 所示。手指的横截面形状以六边形为主。

(76)激活模型的"Polygon"(多边形)子级别,使用挤出工具挤出大拇指,使用移动工具调节顶点,完善大拇指结构,如图 3-220 所示。选择食指的面,使用挤出工具挤出第二根手指,如图 3-221 所示。

(77)使用挤出工具挤出食指的两段关节,如图 3-222 所示,激活物体的"Edge"(边)子级别,选中图 3-223 所示的边进行塌陷,激活"Vertex"(顶点)子级别,使用目标焊接工具焊接图 3-224 所示的顶点。

(78)根据步骤(76)的塌陷边,焊接顶点,效果如图 3-225 所示。使用切割工具在图 3-226 所示的面中添加两条边,激活 Vertex(顶点)子级别,调节交叉线的顶点,调出手指肚的造型,如图 3-227 所示。

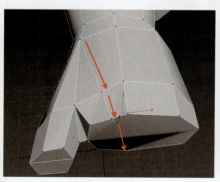
图 3-216

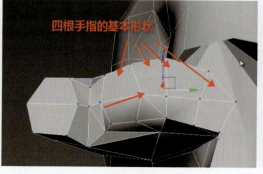
图 3-217

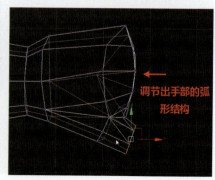
图 3-218

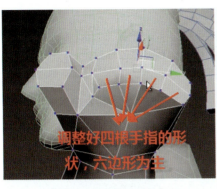
图 3-219

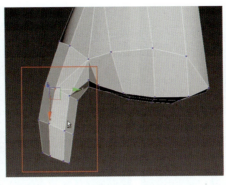
图 3-220

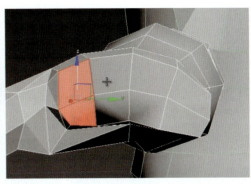
图 3-221

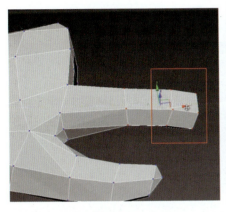
图 3-222

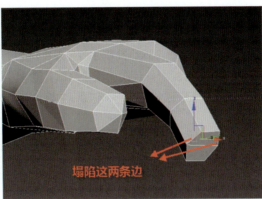
图 3-223

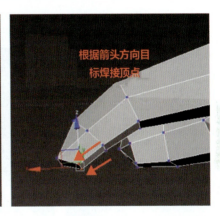
图 3-224

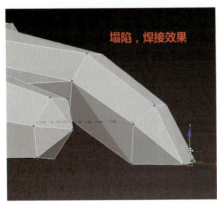
图 3-225

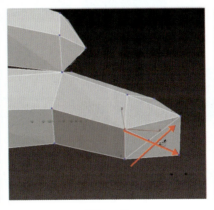
图 3-226

图 3-227

（79）使用移动工具调节顶点和食指的基本形状，如图 3-228 所示。使用同样的方法制作剩余的三根手指，效果如图 3-229、图 3-230 所示。

（80）使用移动工具将胳膊拼回身体，调节胳膊与身体的比例，如图 3-231 所示。使用镜像工具复制出另一只手，效果如图 3-232 所示。

（81）选中制作好的右侧一半身体模型，单击右侧工具栏中 按钮，如图 3-233 所示。再单击人物左侧一半身体将模型附加为一个整体，效果如图 3-234 所示。

（82）激活模型的"Polygon"（多边形）子级别，选中裙子的模型面，按住键盘 Shift 键复制裙子模型，如图 3-235 所示，激活物体的"Edge"（边）子级别，将图 3-236 中方框所选的边使用缩放工具进行缩小调整，删除如图 3-236 所示的边，效果如图 3-237 所示。

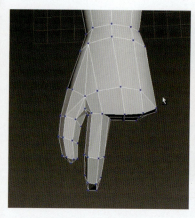
图 3-228

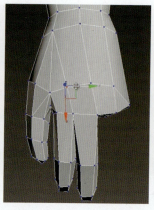
图 3-229

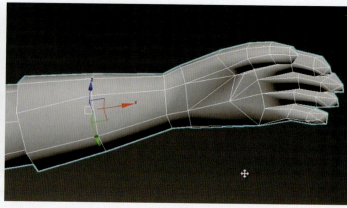
图 3-230

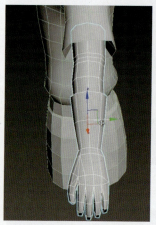
图 3-231

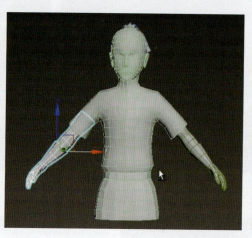
图 3-232

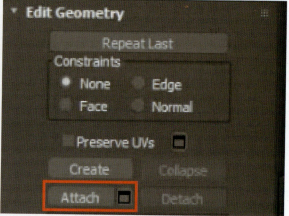
图 3-233

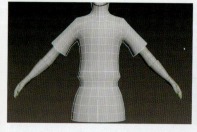
图 3-234

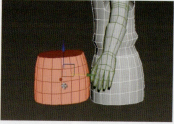
图 3-235

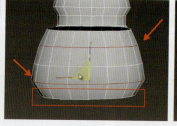
图 3-236

图 3-237

（83）激活"Polygon"（多边形）子级别，如图 3-238 所示，选中如图 3-239 所示的面，单击 （分离）按钮，将物体分离，制作裤子。

（84）激活的"Polygon"（多边形）子级别选中模型左半边面删除，使用镜像工具实例复制另一半，如图 3-240 所示。激活"Vertex"（顶点）子级别，调节出臀部结构，制作出大致的胯部结构，如图 3-241 所示。激活物体的"Edge"（边）子级别，使用桥接工具补充裆部面，如图 3-242 所示。

（85）激活物体的"Edge"（边）子级别，选中裆部下面的边，使用连接工具添加两条边，如图 3-243 所示。使用切割工具，参考图 3-244 和图 3-245 箭头所示添加边，制作出胯部"腹股沟"结构。

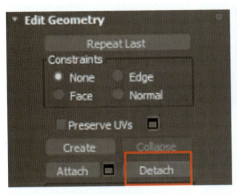
图 3-238

图 3-239

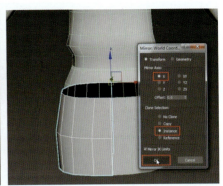
图 3-240

图 3-241

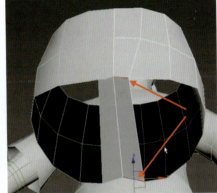
图 3-242

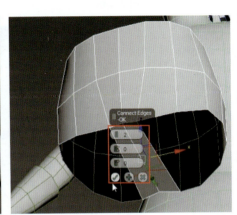
图 3-243

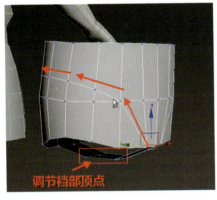
图 3-244

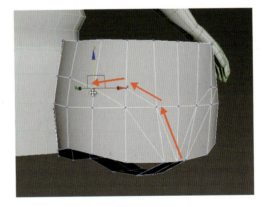
图 3-245

（86）使用切割工具按照图 3-246、图 3-247 所示要求添加边。使用移动工具调节顶点，制作出臀部的结构，如图 3-248 所示。

（87）激活"Borders"（边界）子级别，选择物体的"Borders"（边界），在"Edit Borders"（编辑边界）卷展栏，单击 Cap （盖）按钮，为所选边界封盖，如图 3-249 所示。激活模型的"Polygon"（多边形）子级别，选中填补的面，使用挤出工具进行挤出，效果如图 3-250 所示。使用切割工具为大腿布线并调整，如图 3-251 所示。

（88）激活"Vertex"（顶点）子级别，调整腹部与腹股沟结构布线，合并多余的顶点，如图 3-252 所示。使用切割工具，参考图 3-253、图 3-254 箭头所示添加边，调整档部布线。

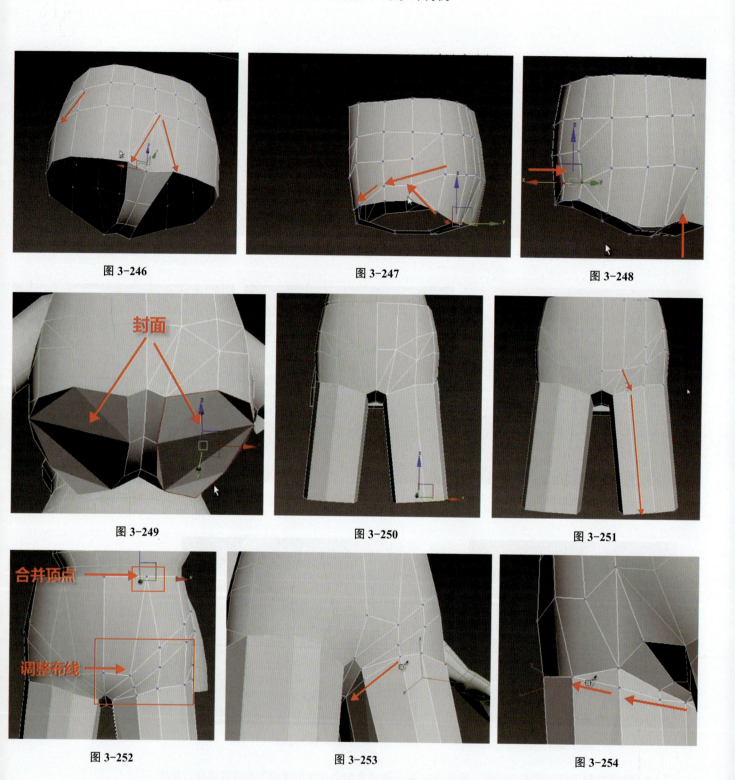

图 3-246　　　　　　　　　图 3-247　　　　　　　　　图 3-248

图 3-249　　　　　　　　　图 3-250　　　　　　　　　图 3-251

图 3-252　　　　　　　　　图 3-253　　　　　　　　　图 3-254

（89）激活物体的"Edge"（边）子级别，选中大腿的边，使用连接工具添加两条边，如图 3-255 所示。进入侧视图调整大腿形状，如图 3-256 所示。再次使用连接工具为大腿加边，如图 3-257 所示。使用移动工具调整顶点，效果如图 3-258 所示。

（90）激活物体的"Edge"（边）子级别，选中大腿的边，使用连接工具添加两条边，如图 3-259 所示。进入侧视图使用移动工具调节顶点和大腿形状，如图 3-260 所示。使用切割工具在膝盖关节处按自己的需要添加边，并调整出裤子的褶皱，如图 3-261 所示。

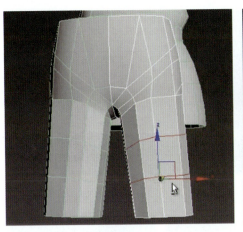 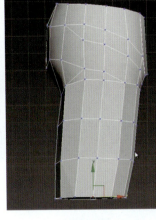 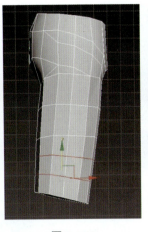 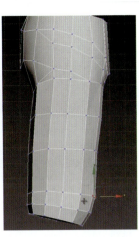

图 3-255　　　　　　　图 3-256　　　　　　　图 3-257　　　　　　　图 3-258

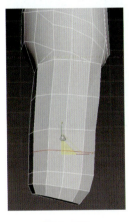 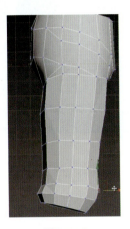 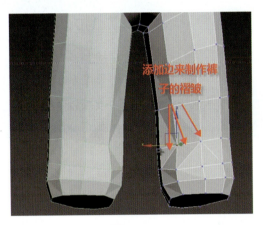

图 3-259　　　　　　　图 3-260　　　　　　　　　　　图 3-261

（91）使用切割工具为裤子增加边，调节褶皱效果，如图 3-262 所示。切换至正视图，根据整体人物形态调整人物比例，如图 3-263 所示。调整关节处横截面使面接近圆形，如图 3-264 所示。

（92）激活"Polygon"（多边形）子级别，选中裤脚下的面进行挤出，如图 3-265 所示。使用缩放工具放大挤出的面，如图 3-266 所示，继续使用挤出工具挤出面，如图 3-267 所示。

（93）使用连接工具添加一条边，如图 3-268 所示。激活"Polygon"（多边形）子级别，选中面，使用挤出工具挤出，使用移动工具调整效果，如图 3-269 所示。选中图 3-270 所示的面，挤出并合并图 3-270 中框选的顶点。

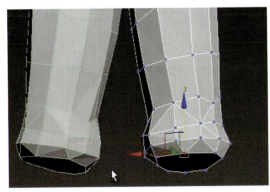 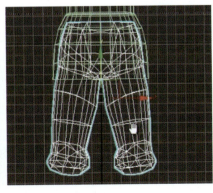 

图 3-262　　　　　　　　　　图 3-263　　　　　　　　　　图 3-264

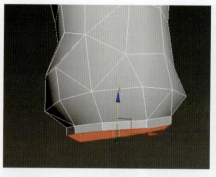
图 3-265

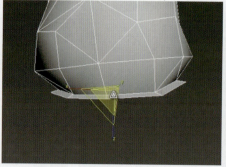
图 3-266

图 3-267

图 3-268

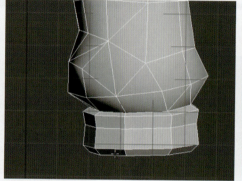
图 3-269

图 3-270

（94）合并顶点效果如图 3-271 所示，靴子的边缘部分即完成。使用切割工具在靴子模型上面添加如图 3-272 所示的边，激活 "Polygon"（多边形）子级别，选中面挤入，如图 3-273 所示。

（95）挤出拉链的位置后删除多余的面，如图 3-274 所示，激活 "Vertex"（顶点）子级别，使用目标焊接工具合并顶点，效果如图 3-275 所示，调整整体效果后如图 3-276 所示。

（96）激活 "Polygon"（多边形）子级别，选中面挤出，如图 3-277 所示，挤出小腿部分并调整，效果如图 3-278 所示。为挤出的小腿添加两条边，并使用移动工具调整腿型，如图 3-279 所示。切换至模型正视图，调整正面腿，如图 3-280 所示。

（97）激活 "Polygon"（多边形）子级别，选中面，挤出脚踝，如图 3-281 所示。选中图 3-282 所示的面使用挤出工具挤出脚掌，进入侧视图使用连接工具添加两条边，调出脚基本形状，如图 3-283 所示，使用连接工具，添加如图 3-284 所示的边并使用移动工具调节脚面形状。

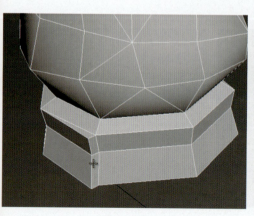
图 3-271

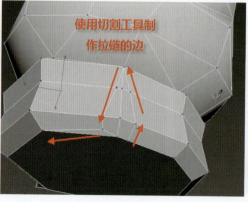
图 3-272

图 3-273

 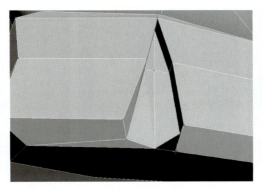 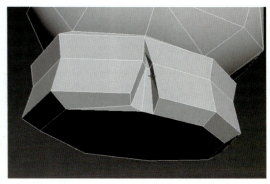

图 3-274　　　　　　　　图 3-275　　　　　　　　图 3-276

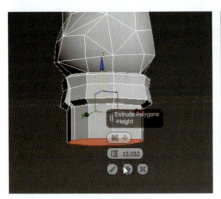   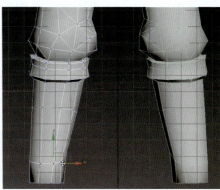

图 3-277　　　　　图 3-278　　　　　图 3-279　　　　　图 3-280

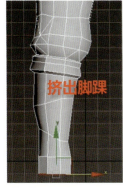 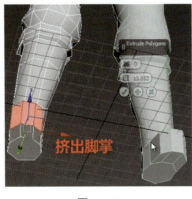 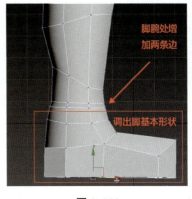 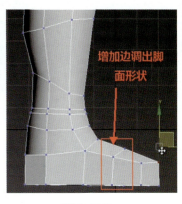

图 3-281　　　　　图 3-282　　　　　图 3-283　　　　　图 3-284

（98）切换至正视图，调节脚的位置，如图 3-285 所示。使用切割工具对模型脚部布线，效果如图 3-286 所示。激活物体的 "Edge"（边）子级别，使用连接工具对鞋底添加边，如图 3-287 所示。

（99）调整脚部结构，如图 3-288 所示，使用切割工具，按图 3-289 所示添加边来制作鞋跟。激活 "Polygon"（多边形）子级别删除鞋底的面，如图 3-290 所示，激活物体的 "Edge"（边）子级别，选中鞋底如图 3-290 所示的边，使用桥接工具补全鞋底面，如图 3-291 所示。激活 "Vertex"（顶点）子级别，使用移动工具将腿部脚部模型完善，效果如图 3-292 所示。

（100）制作腰带，选中图 3-293 所示的面，按 Shift 键复制面，如图 3-294 所示。使用挤出工具挤出面，如图 3-295 所示。

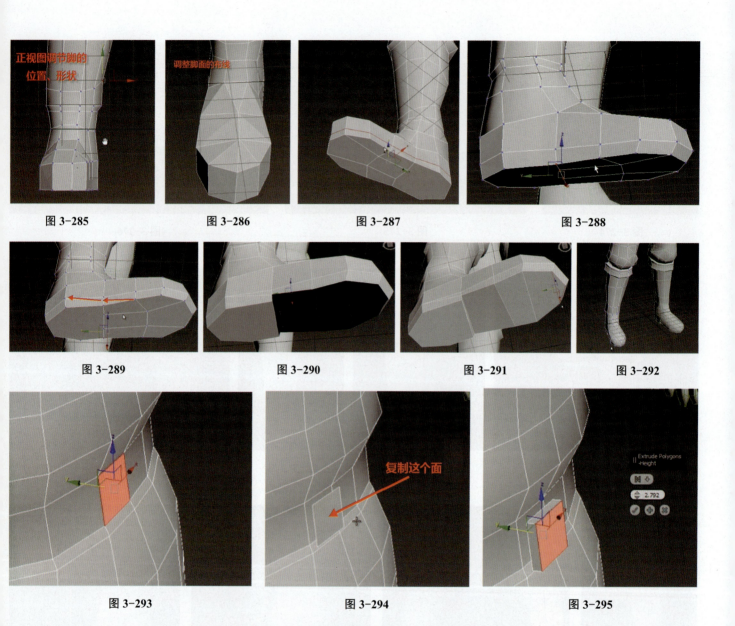

图 3-285　　　　图 3-286　　　　图 3-287　　　　图 3-288

图 3-289　　　　图 3-290　　　　图 3-291　　　　图 3-292

图 3-293　　　　图 3-294　　　　图 3-295

（101）选中上下两个面，继续使用挤出工具挤出，如图 3-296 所示。激活"Vertex"（顶点）子级别，调整腰带的形状，如图 3-297 所示。激活"Polygon"（多边形）子级别，选中右边的面，使用挤出工具挤出腰带，如图 3-298 所示，重复挤出完成腰带制作，如图 3-299 所示。

（102）完成人物模型制作，如图 3-300 所示，不准确的地方到后期再进行修改。

图 3-296　　　　图 3-297　　　　图 3-298

项目 3　游戏角色与制作——以少年为例　191

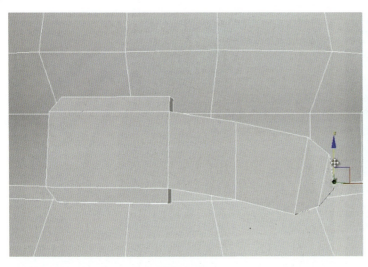
图 3-299

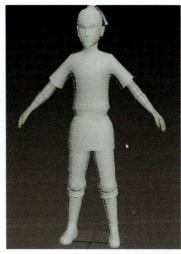
图 3-300

3.2　游戏角色 UV 展开

（1）完成人物模型，将人物模型一半删去，如图 3-301 所示，回看"49"步进入 UV 编辑器，单击窗口下方的 ◢（边）按钮激活 UV 边，选中人物身体模型所有的边进行缝合效果，如图 3-302 所示。

（2）选中脖子的边，再单击"Edit UVs"（编辑 UV）窗口右侧的 ▦（断开）按钮，使 UV 沿着选择的边断开。断开效果如图 3-303 所示，单击鼠标右键，弹出快捷菜单，单击"Hide Unselected"（隐藏未选择的对象）按钮，将除身体以外的全部模型隐藏，如图 3-304 所示。

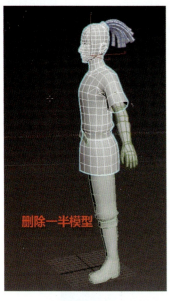
图 3-301　　　　　　　　　　　　　　　　　　图 3-302

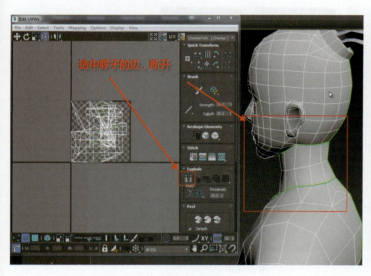
图 3-303

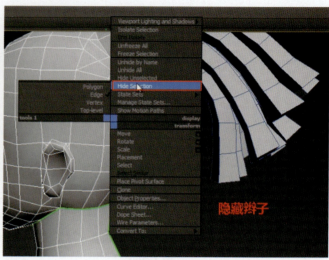
图 3-304

（3）选中发带的边，如图 3-305 所示断开发带；如图 3-306 所示断开耳朵；如图 3-307 所示断开肩部与胳膊；如图 3-308 所示断开腋下；如图 3-309 所示断开腰带，缝合裙子多余的断开的边。

【说明】UV 剪裁线剪至模型较隐秘的位置。

（4）单击"Edit UVWs"（编辑 UVWs）窗口上方的 Tools 菜单，在下拉菜单列表中执行"Relax"（松弛）指令，如图 3-310 所示。在弹出的"Relax Tool"（松弛工具）窗口中单击 Start Relax（开始松弛）按钮，如图 3-311 所示。

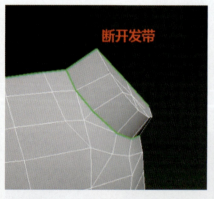
图 3-305

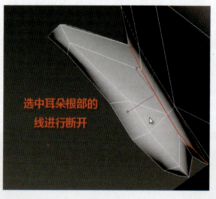
图 3-306

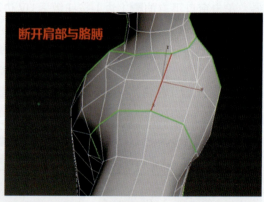
图 3-307

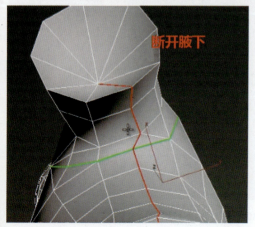
图 3-308

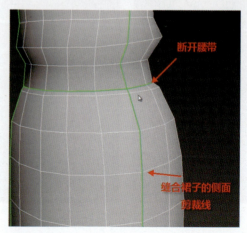
图 3-309

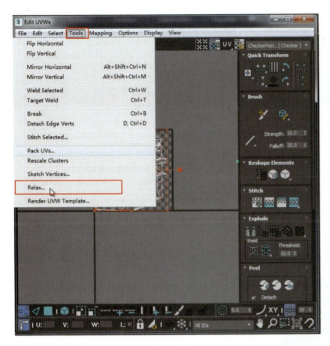
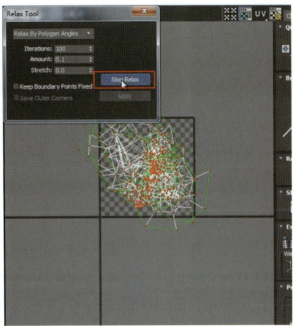

图 3-310　　　　　　　　　　　　　　图 3-311

（5）单击窗口下方的 ■（顶点）按钮激活UV顶点，单击整体，选中整块UV，如图3-312所示。使用移动工具将每块UV单独分开，如图3-313所示。

（6）单击窗口下方的 ■（顶点）按钮激活UV顶点，单击整块头部UV如图3-314所示。单击弹出的"Relax Tool"（松弛工具）窗口中下滑菜单中的 Relax By Polygon Angles 按钮，修改UV展开方式，展开整个头部模型，效果如图3-315所示。

（7）窗口下方单击 ■（多边形）按钮，激活UV面，选中3ds Max界面右侧的平面映射，如图3-316所示，平面映射效果如图3-317所示。将衣服展开，展开效果如图3-318所示。

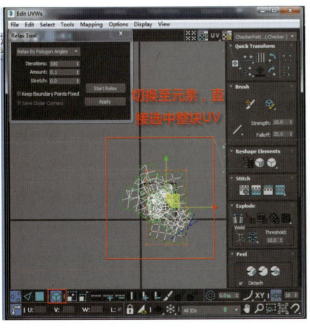

图 3-312　　　　　　　　　　　　　　图 3-313

图 3-314

图 3-315

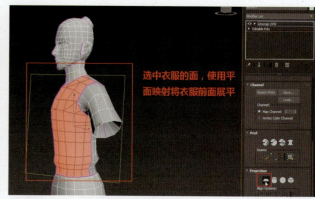
图 3-316

图 3-317

图 3-318

（8）使用同步骤（7）一样的平面映射方法展开剩下的衣服，效果如图 3-319 所示。使用松弛工具将耳朵展开，效果如图 3-320 所示。

（9）单击"Edit UVWs"（编辑 UVWs）窗口右上方 CheckerPatt...(Checker) ▼ ［棋盘格图样（棋盘格）］后面的三角形按钮，在下拉列表中单击"Texture Checker"（UV_Checker.png）［纹理棋盘格（UV_棋盘格.png）］按钮，为箱盖赋予一张临时的 UV_Checker.png 贴图，如图 3-321 所示。激活 UV 点，选中 UV 水平方向的点，使用右上角水平对齐工具将选中的 UV 点水平对齐，效果如图 3-322 所示。

（10）水平对齐完成后，选中垂直的边使用垂直对齐工具将 UV 垂直方向对齐，效果如图 3-323 所示。将 UV 全部打直后观察模型表面的棋盘格是否有过大的拉伸，效果如图 3-324 所示。

（11）将人物躯干部分 UV 全部打直，效果如图 3-325 至图 3-329 所示。

图 3-319

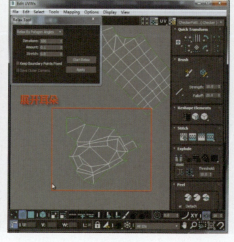
图 3-320

图 3-321

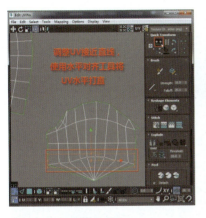 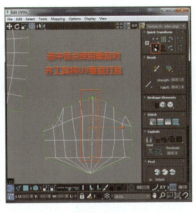 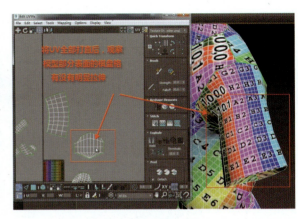

图 3-322　　　　　　　　图 3-323　　　　　　　　图 3-324

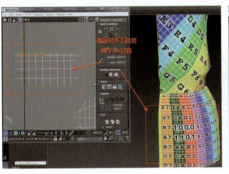

图 3-325　　　　　　　　图 3-326　　　　　　　　图 3-327

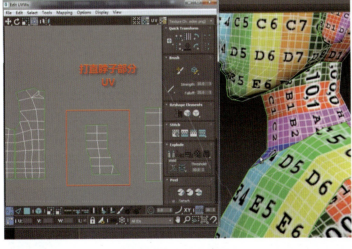 

图 3-328　　　　　　　　　　　　　　　　　　图 3-329

（12）选中展开并打直的全部躯干 UV，单击躯干右边如图 3-330 所示箭头方向，将 UV 精度匹配，匹配好精度的 UV 效果如图 3-331 所示。

（13）完成躯干模型 UV 展开，将模型转化为可编辑多边形，显示全部模型，使用图 3-332 右下角所示的附加工具将胳膊、腿、腰带、头发结合成一个整体，打开 UV 编辑器，选中提前展好的头发 UV 放置一旁，如图 3-333 所示，重复框选胳膊与腿全部边进行缝合。

（14）根据图 3-334 所示要求，断开腿部 UV，重复将腿部 UV 全部展开，如图 3-335 所示。

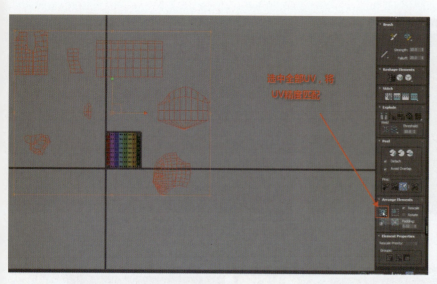
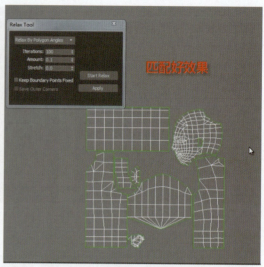

图 3-330　　　　　　　　　　　　　　　　　　　图 3-331

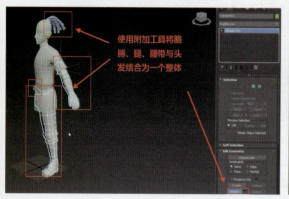
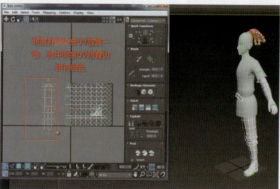
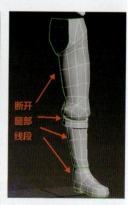

图 3-332　　　　　　　　　　图 3-333　　　　　　　　　　图 3-334

（15）选中图 3-336 所示的边断开，根据图 3-337、图 3-338 所示的要求将手部模型沿中线断开（类似生活中手套的缝合线），使用松弛工具将手套模型展开，因为手套模型较为复杂并不能一下全部展平，所以需要通过选中顶点手动进行调节，如图 3-339 所示。

（16）激活顶点工具，选中单根手指，手动进行拖拽，如图 3-340 所示。展开手部模型保证模型表面棋盘格没有太大的拉伸即可，如图 3-341 所示。使用相同的方法将手心、手背模型全部展

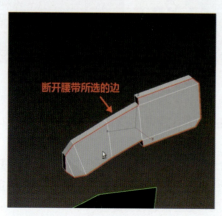
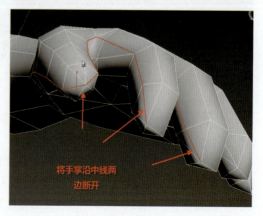

图 3-335　　　　　　　　　　图 3-336　　　　　　　　　　图 3-337

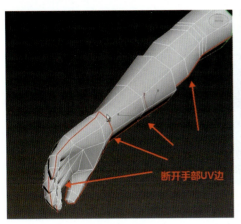

图 3-338

图 3-339

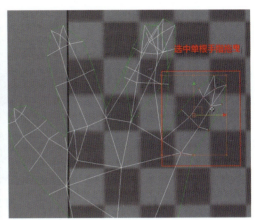

图 3-340

开，如图 3-342 所示。

（17）将 UV 全部打直，由于步骤大体相同，故在这里不做详细的介绍。

胳膊上臂 UV 打直效果如图 3-343、图 3-344 所示。

【说明】左侧图片为打直前效果，右边为打直后效果。

胳膊小臂 UV 打直效果，如图 3-345、图 3-346 所示。

鞋子腰带 UV 打直效果，如图 3-347、图 3-348 所示。

靴子 UV 打直效果，如图 3-349、图 3-350 所示。

裤子 UV 打直效果，如图 3-351、图 3-352 所示。

图 3-341

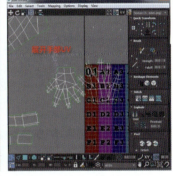

图 3-342

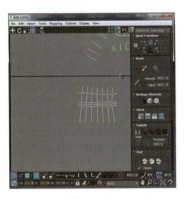

图 3-343

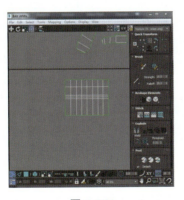

图 3-344

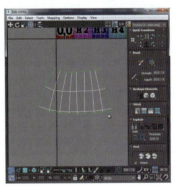

图 3-345

图 3-346

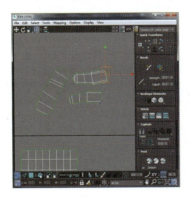

图 3-347

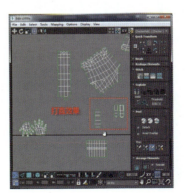

图 3-348

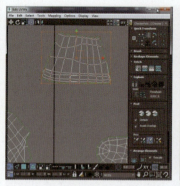
图 3-349

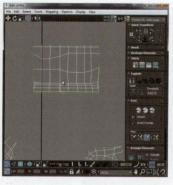
图 3-350

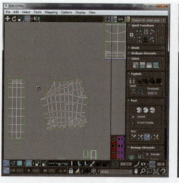
图 3-351

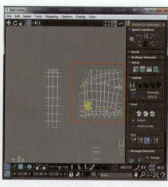
图 3-352

（18）将剩余 UV 展开完成后，重复将 UV 匹配精度，如图 3-353 所示。选中全部模型，将 UV 匹配完整，如图 3-354 所示。

（19）将模型另一半镜像出来，使用附加工具将模型附加为一个整体，焊接中线顶点，如图 3-355 所示，合并最终效果如图 3-356 所示。

（20）打开 UV 编辑器，将展开的 UV 放入 UV 框，注意衣服前面并没有公用同一张 UV，如图 3-357 所示。

（21）将 UV 摆放至 UV 框中，使 UV 空间利用率达到最佳效果，如图 3-358 所示。

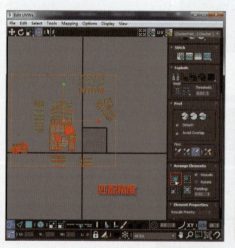
图 3-353

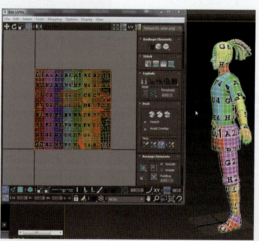
图 3-354

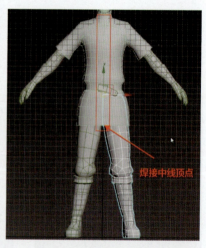
图 3-355

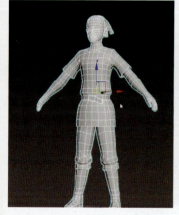
图 3-356

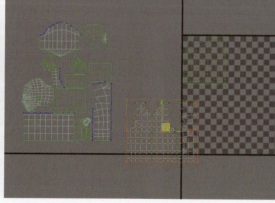
图 3-357

图 3-358

3.3 游戏角色贴图制作

（1）双击桌面 [Ps] 图标运行 Adobe Photoshop CS6，单击主菜单中 [文件(F)] 按钮，在下拉子菜单中单击 [置入(P)] 按钮，在弹出的置入窗口选择上一节保存的"renwuUV.png"图像文件，单击 [置入] （置入）按钮，关闭置入窗口，置入"renwuUV.png"图像后，选择图层面板的背景图层0后方的 [🔒] 按钮解锁图层，如图3-359所示。

（2）单击左边工具栏下方的 [■] [设置前（背）景色] 按钮，在弹出的拾色器（前景色）窗口设置色彩参数，如图3-360所示。单击 [确定] 按钮，关闭拾色器窗口，按键盘 Enter（回车）键，按组合快捷键 Alt+Delete 快速填充前景色。再选择 [🔒] 按钮锁定图层。

（3）选择图层"renwuUV.png"，单击左侧工具栏中的 [▭]（矩形选择工具）按钮，在图像窗口中选择如图3-361所示区域，在图层面板底下（PS软件的右下角）单击 [⊙]（创建新的填充或调整图层）按钮，在上拉的菜单中单击 [纯色...]（纯色），在弹出的拾色器（纯色）窗口中设置参数，如图3-362所示。单击 [确定]（确定）按钮关闭窗口，创建一个新填充图层，命名为"kuzi"（裤子），效果如图3-363所示。

图 3-359

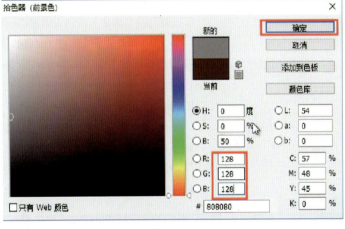

图 3-360

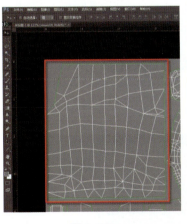

图 3-361　　　　　　　　　　图 3-362　　　　　　　　　　图 3-363

（4）选择左侧工具栏中的 [⌁]（多边形套索工具）按钮，在图像窗口中选择如图3-364所示区域，在图层面板底下（PS软件的右下角）单击 [⊙]（创建新的填充或调整图层）按钮，在上拉的菜单中单击

（纯色）按钮，在弹出的拾色器（纯色）窗口中设置类似肤色的颜色参数，如图3-365所示，单击（确定）按钮关闭窗口，创建一个新填充图层，命名为"lian"（脸）。

（5）选择左侧工具栏中的（多边形套索工具）按钮，在图像窗口中选择如图3-366所示区域，在图层面板底下（PS软件的右下角）单击（创建新的填充或调整图层）按钮，在上拉的菜单中单击（纯色）按钮，在弹出的拾色器（纯色）窗口中设置颜色参数，如图3-367所示，单击（确定）按钮关闭窗口，创建一个新填充图层，命名为"yifu"（衣服）。

（6）单击左侧工具栏中的（多边形套索工具）按钮，在图像窗口中选择如图3-368所示区域，在图层面板底下（PS软件的右下角）单击（创建新的填充或调整图层）按钮，在上拉的菜单中单击（纯色）按钮，在弹出的拾色器（纯色）窗口中设置颜色参数，如图3-369所示，单击（确定）按钮关闭窗口，创建一个新填充图层，命名为"xuezi"（靴子）。

（7）单击左侧工具栏中的（多边形套索工具）按钮，在图像窗口中选择如图3-370所示区域，在图层面板底下（PS软件的右下角）单击（创建新的填充或调整图层）按钮，在上拉的菜单中单击（纯色）按钮，在弹出的拾色器（纯色）窗口中设置颜色参数，如图3-371所示，单击（确定）按钮关闭窗口，创建一个新填充图层，命名为"toufa"（头发）。

（8）单击左侧工具栏中的（多边形套索工具）按钮，在图像窗口中选择如图3-372所示区域，在图层面板底下（PS软件的右下角）单击（创建新的填充或调整图层）按钮，在上拉的菜单中单击（纯色）按钮，在弹出的拾色器（纯色）窗口中设置颜色参数，如图3-373所示，单击（确定）按钮关闭窗口，创建一个新填充图层，命名为"shoutao"（手套）。

（9）单击左侧工具栏中的（多边形套索工具）按钮，在图像窗口中选择如图3-374所示区域，在图层面板底下（PS软件的右下角）单击（创建新的填充或调整图层）按钮，在上拉的菜单中单击（纯色）按钮，在弹出的拾色器（纯色）窗口中设置颜色参数，如图3-375所示，单击（确定）按钮关闭窗口，创建一个新填充图层，命名为"yaodai"（腰带）。

（10）单击左侧工具栏中的（多边形套索工具）按钮，在图像窗口中选择如图3-376所示区域，在图层面板底下（PS软件的右下角）单击（创建新的填充或调整图层）按钮，在上拉的菜单中单击（纯色）按钮，在弹出的拾色器（纯色）窗口中设置颜色参数，如图3-377所示，单击（确定）按钮关闭窗口，创建一个新填充图层，命名为"fadai"（发带）。

图 3-364

图 3-365

图 3-366

图 3-367

图 3-368

图 3-369

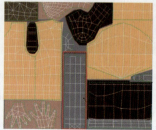

图 3-370

图 3-371

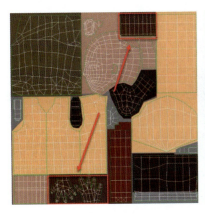
图 3-372

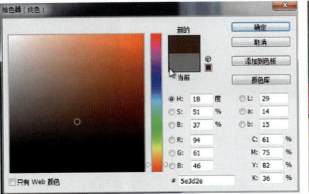
图 3-373

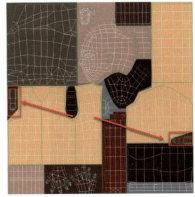
图 3-374

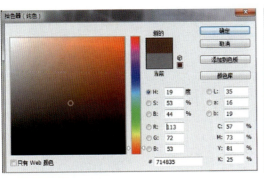
图 3-375

图 3-376

图 3-377

（11）按组合快捷键 Ctrl+S，保存 renwutietu1.psd 文件（文件路径："手绘 3D 项目实战"项目资料→项目文件→项目 3　游戏角色与制作→少年→ maps → renwutietu1.psd）。

（12）打开"手绘 3D 项目实战"项目资料→项目文件→项目 3　游戏角色与制作→少年→ max → renwu-tietu.max 文件，选中模型，单击工具栏中 按钮打开"Material"（材质编辑器），单击 Diffuse: 后面的小方块，弹出"Material/Map Browser"（材质/贴图浏览器）窗口，单击 Bitmap（位图）按钮，再单击 OK （确定）按钮后在弹出的"Select Bitmap Image File"（选择位图图像文件）窗口中选择"bitmap"，单击"OK"（确定）按钮，然后在窗口路径中找到"renwuUV.pn"单击"Open"（打开）按钮后又会弹出一个窗口，单击"OK"（确定）按钮，如图 3-378 所示。单击 （打开贴图显示）按钮，效果如图 3-379 所示。

（13）切换回 PS，右侧图层面板单击"toufa"（头发）按钮，选中后在左侧工具栏单击 按钮，在试视图中框选头发部分，如图 3-380 所示，选择右侧图层蒙版中 填充白色，切换回 3ds Max 中，人物的头发效果就出来了，如图 3-381 所示。

图 3-378

（14）在 3ds Max 和 PS 软件中对比调整头发。调整到位后，单击图层面板底下的 （创建新组）按钮，创建一个新组 ，重新命名为"tou"（头），并将图层"toufa""lian"拉入进组，单击图层下方 （新建图层）按钮，新建一个图层，开始绘制眉毛和眼睛。

（15）头部的贴图绘制过程如图 3-382 所示。

（16）头发的贴图绘制过程如图 3-383、图 3-384 所示。

（17）执行菜单栏"滤镜"→ 杂色 → 子菜单 添加杂色 命令，设置数量为 7%，效果如图 3-385 所示。

（18）衣服的贴图绘制过程如图 3-386、图 3-387 所示。

图 3-379

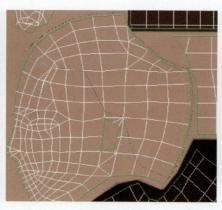
图 3-380

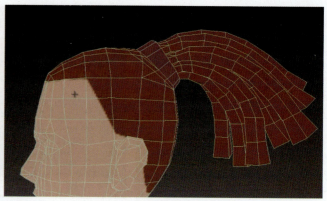
图 3-381

①定位五官位置，初步画出五官外形和脸部阴影

②加深五官细节刻画，初步画出脸部高光

③进一步加深细节修饰，完善高光和暗部的关系

④ 3ds Max 中脸部效果展示

图 3-382

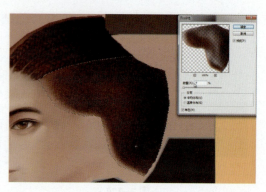
①初步定位头发的位置，画出头发的纹理

图 3-383

②加深头发细节部分的刻画，注意高光、阴影、渐变的处理

图 3-384

③在头部绘制发根质感

④加深暗部和亮部的关系

⑤完成效果图

图 3-385

①画出衣服纹理，铺好基础颜色

②加深阴影部分，处理好暗部和亮部的关系

图 3-386

（19）裤子的贴图绘制过程如图 3-388 所示。

（20）手部的贴图绘制。

①画出手部和手套部分的阴影，如图 3-389 所示。

②深入细节，刻画人物手套，如图 3-390 所示。

③完成效果图展示，如图 3-390 所示。

（21）脚部贴图绘制过程如图 3-391、图 3-392 所示。

（22）至此，人物贴图即绘制完成，按快捷键 Ctrl+S 快速保存 renwutietu1.psd 文件（文件路径："手绘 3D 项目实战"项目资料→项目文件→项目 3　游戏角色与制作→少年与制作→ maps → renwutietu1.psd），贴图最终效果如图 3-393 所示，场景中少年模型贴图后效果如图 3-394 所示。

     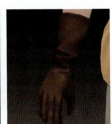

③深入细节部分刻画，画出高光和腰带的细节部分　　④衣服贴图效果展示　　①画出裤子褶皱感　　②处理好画面看起来不生硬　　③裤子绘制完成效果图　　手部和手套部分阴影

图 3-387　　　　图 3-388　　　　图 3-389

   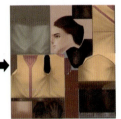 

①画出脚部纹理和阴影　　②处理好阴影和亮部的关系　　③刻画细节部分　　④完成效果图展示

图 3-390　　　　图 3-391　　　　图 3-392

图 3-393　　　　图 3-394

思考训练

根据本项目所学人物建模方法、UV展开技巧、人物贴图绘制等，创作一个卡通角色模型案例。

要求：1. 明确角色模型创作风格。

2. 建模要求规范布线，结构合理，比例正确。

3. 按游戏企业规范平整展开UV，绘制精细贴图。

参考文献 REFERENCES

[1] 袁野. 试论三维游戏中手绘贴图的应用[J]. 艺术科技, 2018（4）：115, 176.
[2] 李猛. 三维游戏中手绘贴图的应用研究[J]. 教育现代化, 2018（19）：340-341.
[3] 刘昌盛. 高职院校游戏专业建设初探[J]. 教育现代化, 2019（3）：17-19.